智能制造工业软件应用系列教材

数字化制造运营平台

（上　册）

胡耀华　梁乃明　总主编
任　斌　李　科　编著

机械工业出版社

本书从企业发展中的产品研发、计划、工艺、生产、质量等各个部门的数据交互信息入手，着力讨论和解决制造过程中的"黑箱"对企业管理者的束缚和困扰；为实现车间工人、设备、物料等资源的合理调度，提高车间的生产效率和质量，依托西门子先进工业软件体系，通过信息深化应用系统帮助制造企业实现自主创新和转型升级，将信息化应用系统的制造执行系统（Manufacturing Execution System，MES）置于西门子工业软件体系的核心位置，上承产品全生命周期管理（Product Lifecycle Management，PLM）系统，下启全集成自动化（Totally Integrated Automation，TIA）系统，从而实现数字化全集成自动化生产。全书共 9 章，内容包括 MES 概述、MES 的发展与定义、智能制造与 MES、MES 相关专题、国内外 MES 软件生产企业、SIMATIC IT 解决方案、SIMATIC IT 生产套件、SIMATIC IT 操作指南、MES 功能介绍等。

本书可作为普通高等院校机械类、智能制造类等专业的本科教材，也可供相关工程技术人员参考。

图书在版编目（CIP）数据

数字化制造运营平台. 上册/胡耀华，梁乃明总主编；任斌，李科编著. —北京：机械工业出版社，2022.3

智能制造工业软件应用系列教材

ISBN 978-7-111-70195-8

Ⅰ.①数… Ⅱ.①胡… ②梁… ③任… ④李… Ⅲ.①智能制造系统–高等学校–教材 Ⅳ.①TH166

中国版本图书馆 CIP 数据核字（2022）第 030668 号

机械工业出版社（北京市百万庄大街 22 号　邮政编码 100037）

策划编辑：赵亚敏　　　　责任编辑：赵亚敏

责任校对：张　征　刘雅娜　封面设计：王　旭

责任印制：郜　敏

北京富资园科技发展有限公司印刷

2022 年 4 月第 1 版第 1 次印刷

184mm×260mm・12.25 印张・300 千字

标准书号：ISBN 978-7-111-70195-8

定价：45.00 元

电话服务　　　　　　　　　网络服务

客服电话：010-88361066　　机 工 官 网：www.cmpbook.com

　　　　　010-88379833　　机 工 官 博：weibo.com/cmp1952

　　　　　010-68326294　　金 书 网：www.golden-book.com

封底无防伪标均为盗版　　机工教育服务网：www.cmpedu.com

前　言

受世界智能制造技术发展的影响，我国制造企业也正努力通过缩减成本、加强质量管理、缩短投产周期等更加精细化的手段来提升企业的竞争力。对于很多制造企业来说，虽然应用了企业资源计划（Enterprise Resource Planning，ERP）、客户关系管理（Customer Relationship Management，CRM）、产品全生命周期管理（Product Lifecycle Management，PLM）等企业级管理软件，但生产制造过程仍然犹如"黑箱"，蒙住了管理层的眼睛，使生产现场的管控能力十分薄弱，束缚了管理层的手脚。

实践表明，信息深化应用是制造企业实现自主创新和转型升级的必要支撑。制造业信息深化应用是一个长期的过程，经历了从单元应用、部门应用到企业级应用的过程。很多企业的生产车间虽然实现了自动化和规范管理，但是还缺乏信息系统的支撑，导致在 ERP 系统的应用过程中，生产计划下达之后的执行情况不能及时反馈，使 ERP 系统的应用难以真正实现对企业的实时管控，也难以实现对生产过程的追溯。同时，由于缺乏信息化应用系统，车间的工人、设备、物料等资源不能合理地调度，导致车间的生产效率不高，生产质量也得不到根本保障。在这种背景下，制造执行系统（Manufacturing Execution System，MES）逐渐成为广大制造企业关注的热点。

本书的第 1 章对 MES 进行了概述，介绍了其与制造运营管理（Manufacturing Operation Management，MOM）的区别，以及西门子 MES 与其他 PLM 软件 TC/NX/WinCC 的不同。第 2 章主要介绍 MES 的发展历程和定义。第 3 章主要介绍 MES 和智能制造的关系。第 4 章主要介绍与 MES 相关联的线边库、数据库和高级计划与排产等专题。第 5 章主要介绍国内外的 MES 软件生产企业。第 6~9 章结合实际生产案例对西门子 MES 软件 SIMATIC IT 的具体功能逐步深入地进行了详细的介绍，包括整体框架及各模块部分如何实现。

本书是智能制造工业软件应用系列教材中的一本，本系列教材在东莞理工学院马宏伟校长和西门子中国区总裁赫尔曼的关怀下，结合西门子公司多年在产品数字化开发过程中的经验和技术积累编写而成。本系列教材由东莞理工学院胡耀华和西门子工业软件公司梁乃明任总主编，本书由东莞理工学院任斌和西门子公司李科共同编著，东莞理工学院孙泽文博士参与了全书的校对工作。

虽然作者在本书的编写过程中力求描述准确，但由于水平有限，书中难免有不妥之处，恳请广大读者批评指正。

作　者

目 录

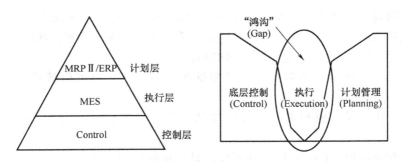

第1章

MES概述

1.1 MES 简介

MES 即制造执行系统（Manufacturing Execution System，MES），是美国 AMR 公司（Advanced Manufacturing Research，Inc.）在 20 世纪 90 年代初提出的（图 1-1），旨在加强物资需求计划（Material Requirement Planning，MRP）的执行功能，通过执行系统把 MRP 同车间作业现场控制联系起来。这里的现场控制包括可编程序逻辑控制器（Programmable Logic Controller，PLC）、数据采集器、条形码、各种计量及检测仪器、机械手等。MES 设置了必要的接口，与提供生产现场控制设施的厂商建立合作关系。

图 1-1　AMR 公司提出的经典三层架构

MES 的引入填充了计划管理和底层控制之间生产执行的鸿沟。车间的执行层包括了车间作业和采购作业，MES 侧重于车间作业计划的执行，充实了软件在车间控制和车间调度方面的功能，以适应车间现场环境多变情况下的需求。同时，为了适应执行计划过程中外部环境的变化，MRP 的计划功能要更为灵活，例如，加强物料计划与能力计划的集成度，物料和工艺路线自动替代及增减、平移、分割工序的功能等。一个完善的 MRP II 系统，本身应当包括计划执行的功能，问题的核心是软件计划执行程序功能的强弱，同现场控制设施的接口和集成，以及计划调度功能是否具有足够的应变能力和灵活性。一些在车间或现场管理方面具有特色的软件公司及其合作伙伴与用户在 1992 年成立了制造执行系统协会（Manufacturing Execution System Association，MESA），以更好地发展其业务，该组织由最初的 23 家公司发展壮大到如今的 200 多个成员单位。制造执行系统是一个用来跟踪生产进度、库存情况、工作进度和其他车间管理相关的信息流。

MRP 在诞生之初也是独立的物料系统，可以根据市场需求预测和顾客订单制定产品的生产计划，然后基于组成产品的材料结构表和库存状况计算所需物料的需求量和需求时间，从而生成相关的需求计划，指导企业采购订货并确定产品的加工进度。现阶段 MRP 已经成为 ERP 的重要组成部分。

1.1.1 ERP 不能解决的示例场景

ERP 解决不了的场景示例如下：

1）车间在制品的收、发及工序件的搬运明细无法统计，从而导致在制品库存积压，增加了库存资金占用。

2）无法对产品质量指标进行在线检测、统计、显示，尚未建立产品质量追溯体系。

3）无法收集与核算企业各生产工序的成本，通过对生产成本的控制优化资金流，得到实时动态成本信息。

4）难以实时采集生产过程的相关信息，如进度信息、关键质量信息等，因此无法快速地对生产变动做出响应。无法对设备进行实时监控，防止设备突发故障。

针对上述 ERP 不能解决的场景示例，下面进行知识扩展介绍。

1）车间在制品的收、发及工序件的搬运存储基本上都是围绕线边库进行的，常见的线边库有平库、非自动高架库及自动化高架库三种形式。不同于仓库管理系统所管理的原材料库以及成品库，线边库的位置一般设立在车间，由 MES 进行管理，本书后文将进行详细介绍。

提示：什么是线边库？

生产企业的特性（尤其是大型生产企业），都没有办法将常规库设立在每一个生产线旁边，而生产线的生产是一个实时和连续的过程，要尽量减少生产停顿，线边库应运而生。

2）质量追溯通常分为正向追溯和逆向追溯：

正向追溯：由原料向产品追溯，可以按批次进行追溯，也可以按产品唯一标记进行追溯。

逆向追溯：由产品向原料追溯，可以按批次进行追溯，也可以按产品唯一标记进行追溯。

但在正向和逆向追溯的过程中，并不仅仅是物料的追溯，生产执行过程中的工艺参数、质量参数、设备参数、人员参数都是质量追溯体系的一部分。

提示：① 若生产过程中发现不合格产品，可以通过质量追溯体系，反查这批不合格产品的各项参数，及时止损。

② 已出厂后发现不合格产品，可以通过质量追溯体系，反查这批不合格产品的涉及范围，精确召回。

3）MES 通过收集并计算各工序的工时节拍，可以准确找出生产的瓶颈工序，优化资金投入，提升生产效率。

4）MES 实时采集车间的工艺加工信息及质量检测信息，对这些信息进行分类加工与分析统计，对产品加工及设备运转进行实时性和预测性报警，如图 1-2 所示。

如图 1-2 所示，参数 1 的合理区间是 30～60，参数 2 的合理区间是 25～75，在两者的交叉区间，均为合理区间，交叉区间外即为报警域。然而交叉区间内的边缘地带，如果参数密集分布，则有不合理的趋势，为预测性报警。

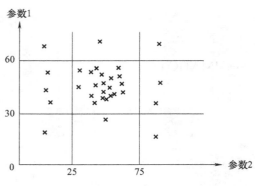

图1-2 参数报警

MES 是面向车间层生产监控与管理的信息系统技术，近年来发展迅速，并且促进了新的企业信息化国际标准——IEC/ISO 62264 和 ANSI/ISA-95 的产生。由于 MES 强调控制和协调，可实现企业计划层与车间执行层的双向信息流交互，通过连续信息流来实现企业信息集成，提高了车间活动和生产响应的敏捷性，因此近年来 MES 在国外企业中得到迅速推广。

MES 是处于计划层（如 ERP/MRP Ⅱ 等）和现场自动化系统之间的执行层，主要负责车间生产管理和计划执行，实现企业中枢神经"连天接地"（连接企业的大脑管理层和企业的车间执行层）和管理控制。MES 可以在统一平台上集成诸如生产调度、生产统计、产品跟踪、物料配送、质量控制、仓库管理、设备故障分析等管理功能，使用统一的数据库和网络连接为生产部门、质检部门、工艺部门、物流部门等提供车间管理信息服务。系统通过制造过程的整体优化来帮助企业实施完整的闭环生产。SIMATIC IT 软件即是在统一平台上集成计划、生产、工艺、设备等各类模块，为企业各部门提供信息服务的平台，如图 1-3 所示。

1.1.2 SIMATIC IT 中常见模块含义

针对图 1-3 所示的 SIMATIC IT 中常见模块，进行知识扩展介绍。

1）SIMATIC IT Product Order Manager：SIMATIC IT 订单管理（POM）（通常和 ERP 系统中的 PP、SD 模块集成）。

2）SIMATIC IT Material Manager：SIMATIC IT 物料管理（MM）（通常和 ERP 系统中的 MM、PP、SD 模块集成）。

3）SIMATIC IT Product Definition Manager：SIMATIC IT 产品定义管理（PDefM）（通常和 PLM 工艺集成）。

4）SIMATIC IT Personnel Manager：SIMATIC IT 人员管理（PRM）。

5）SIMATIC IT Messaging Manager：SIMATIC IT 消息管理（MSM）。

6）SIMATIC IT Historian：SIMATIC IT 历史数据库（Historian）。

7）SIMATIC IT RTDS：SIMATIC IT 实时数据库（RTDS）。

8）SIMATIC IT DATA Integration Service：SIMATIC IT 数据集成服务 DIS。

9）SIMATIC IT Report Manager：SIMATIC IT 报表管理（Report）。

10）Client Application Builder：客户端应用程序构建器（CAB）。

11）Rule：可视化逻辑编程工具。

常见的数据集成方式有以下四种。

1）在每个项目中，几乎都会无一例外的使用 DIS 来完成 MES 和其他系统的集成。DIS 不用做过多的开发，只需要在平台内进行配置即可。DIS 支持的集成方式多种多样，如 File 文件流、iDoc、XML 等。这里介绍最常见、最重要的一种数据集成方式——Web Service。

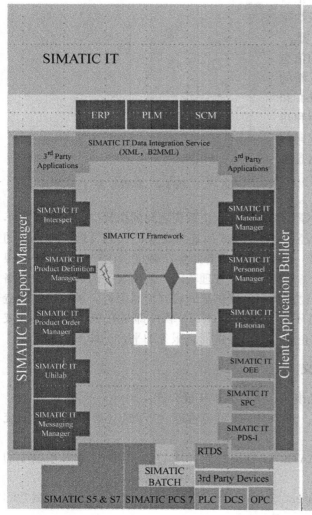

模型驱动的业务组织模式：

SIMATIC IT平台是基于模型驱动的业务组织方式。模型中的数据流不是静态的，而是动态可执行、可监控和可追溯的。所有的车间、工段、班组和设备都可以在系统中通过模型进行表达，所有的业务逻辑都可以通过图形方式在工作流环境下进行模拟运行。

在标准的产品平台基础上SIMATIC IT提供了通用的跨行业库(Cross Industry Library)，在跨行业库中定义了可以应用于不同行业的常用对象，而且提供了对现有平台的功能扩展。数据管理架构：

SIEMENS INDUSTRY SOFTWARE提供业界最为完整的解决方案，包括产品全生命周期管理系统 (PLM)—Teamcenter (包含数字化产品开发软件—NX，电子设计自动化—Mentor，数字化产品生命周期管理软件—Teamcenter，数字化制造系统—Tecnomatix)：MES系统 (MES/MES)—SIMATIC IT 等开箱即用软件产品，物联网操作系统—MindSphere，全集成自动化—TIA。

SIMATIC IT 的高可用配置拓扑：

平台支持高可用配置，保证对生产线最大的可用性的支持；客户企业可为不同的工作区 (如生产现场、企业办工区)设定不同的网域 (Network Domains)，并以网络防火墙 (Firewall) 区隔各个网域。SIEMENS MES系统可通过这些防火墙顺畅地运作。

SIMATIC IT的企业级系统集成：

对于现行业务系统的投资回报而言，企业级集成至关重要。只有当可追溯性和生产控制基础部署到位，并且MES开始输入企业关键而准确的实时制造数据，实现按照计划执行时MES的真实价值才得以实现。

图1-3　西门子 SIMATIC IT 平台

通过 DIS 的简单配置可生成相应的 Web Service 服务，如图1-4所示。

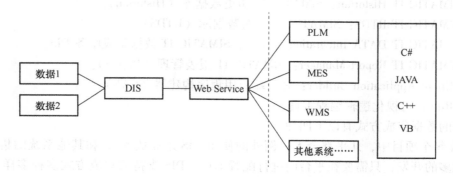

图1-4　DIS 中 Web Service 工作简图

IDoc 即 Intermediate Document，是一种系统间通用的数据交换格式，通过 IDoc 接口可以实现 SAP 系统之间，以及 SAP 系统与其他系统之间的数据交换。这种接口方式在早期十分常见，现在较少采用，原因是不太灵活，需要 SAP 和其他系统做很多的准备工作。

Web Service 本质是一个应用程序，它向外界提供了一个能够通过 Web 进行调用的 API 方法。也就是说，可以利用编程的方法通过 Web 来调用这个应用程序。

Web Service 是建立可互操作的分布式应用程序的新平台。Web Service 平台是一套标准，它定义了应用程序如何在 Web 上实现互操作性。可以用任何编程语言，在任何平台上编写 Web Service，只要可以通过 Web Service 标准对这些服务进行查询和访问即可。PLM 利用 Web Service 访问 MES 数据如图 1-5 所示。

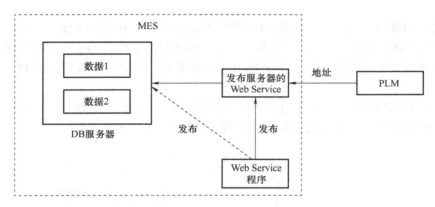

图 1-5　PLM 利用 WebService 访问 MES 数据

2）在很多系统集成过程中，若双方后台都采用同质的数据库，如双方都采用 SQLServer 数据库，则可以使用 DBLink 的方式在两个数据库中直连，这种方式适用于大数据量传输，如图 1-6 所示。

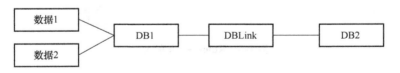

图 1-6　DBLink 数据库直连

3）在 MES 与自动化交互的过程中，MES 可能与自动化之间存在集成关系，这种集成通常是以报文交互的形式来完成的，如图 1-7 所示。

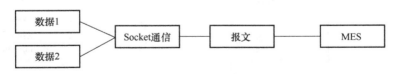

图 1-7　报文交互形式

应用层通过传输层进行数据通信时，TCP 和 UDP 会遇到同时为多个应用程序进程提供并发服务的问题。多个 TCP 连接或多个应用程序进程可能需要通过同一个 TCP 协议端口传输数据。为了区别不同的应用程序进程和连接，许多计算机操作系统为应用程序与 TCP/IP 协议交互提供了称为套接字（Socket）的接口，区分不同应用程序进程间的网络通信和连接。

TCP 和 UDP 都是运输层中的协议。TCP 提供可靠的通信传输，而 UDP 则常被用于让广播和细节控制交给应用的通信传输。

TCP 提供可靠的服务，即通过 TCP 连接传送的数据无差错、不丢失、不重复且能按序到达。UDP 尽最大努力交付，即不保证可靠交付。TCP 通过校验和、重传控制、序号标识、滑动窗口、确认应答实现可靠传输，如丢包时的重发控制，还可以对次序乱掉的分包进行顺序控制。

但在实际的项目应用中，多采用 UDP 协议方式，因为 UDP 具有较好的实时性，工作效率比 TCP 高；UDP 支持一对一、一对多、多对一和多对多的交互通信；UDP 对系统资源要求少，更利于高效实时交互。至于安全性问题，通常可以用程序交互机制实现与 TCP 类似的安全性。

4）Rule 是 SIMATIC IT 中可视化逻辑编程工具，通过拖拽相关的控件配置相应的参数来实现复杂的业务逻辑，而不通过编写代码实现，如图 1-8、图 1-9 所示。

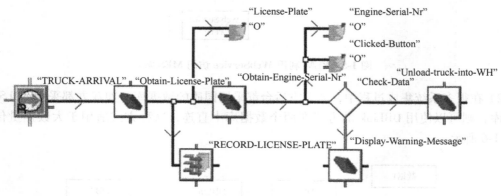

图 1-8　Rule——卡车入厂

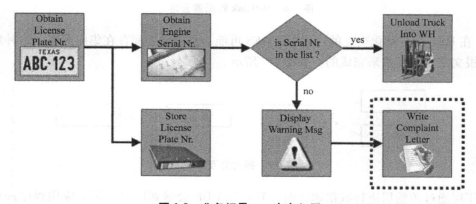

图 1-9　业务场景——卡车入厂

1.2　MOM 和 MES 的区别

制造运营管理（Manufacturing Operation Managemet，MOM）是由美国仪器仪表、系统和自动化协会于 2000 年最先提出的，它将生产运营、维护运行、质量运行和库存运行并列起来，使用一个统一的通用活动模型模板来描述，并详细定义了通用活动模型内部主要功能及各功能之间的信息流。

生产执行系统 MES 通常以生产运行为核心，其他几部分运行管理弱化为内部或外部相关联的功能模块。这几部分涉及的功能，如设备、质量及库存等都围绕在 MES 生产运行这一核心上，与 MES 一起有序地进行生产运营。这些功能本质上都是以生产车间业务需求为导向的，和 MES 一起统称为 MOM。这些功能可以是 MES 内部的功能，也可以是 MES 周边的功能系统，如 QMS、LIMS、WMS、APS 等。

1）QMS（Quality Management System）是非常专业的质量管理系统，包括制定质量方针、目标以及质量策划、质量控制、质量保证和质量改进等一系列活动。狭义的 QMS 通常是指在线质量，涉及审批流。

2）LIMS（Laboratory Information Management System）即实验室信息管理系统，专门针对实验室的整体环境而设计，是一个包括信号采集设备、数据通信软件、数据库管理软件在内的高效集成系统。它以实验室为中心，可将实验室的业务流程、环境、人员、仪器设备、标物标液、化学试剂、标准方法、图书资料、文件记录、科研管理、项目管理、客户管理等因素有机地结合。狭义的 LIMS 通常是指离线质量，涉及审批流。

3）WMS（Warehouse Management System）即仓库管理系统，是通过入库业务、出库业务、仓库调拨、库存调拨和虚仓管理等功能，进行批次管理、物料对应、库存盘点、质检管理、虚仓管理和即时库存管理等的管理系统。

在很多企业中并没有使用 WMS，它的功能由 SAP 的 WM 模块来完成。而在实施 WMS 之后，通常 WMS 也要与 SAP 的 MM 模块或者 WM 模块来进行集成。

4）APS（Advanced Planning and Scheduling）即高级计划与排程，它通过为流程和离散的混合模型同时解决顺序和调度的优化问题，从而对项目管理与项目制造解决关键和成本时间最小化问题，具有重要意义。

西门子的 APS 软件是 Preactor，由于 APS 和 MES 生产计划紧密相连，所以本书后文会详细讲解 APS。

1.3　MES 和 TC/NX/WinCC 的区别

MES 和 TC/NX/WinCC 的区别如图 1-10 所示。图左侧为相应的研究领域，右侧为该领域对应的典型软件。通过软件平台应用行业场景的不同可以了解认识 MES 与 TC/NX/WinCC 的区别。

TC 是 PLM 系统的产品全生命周期管理软件，NX 是 PL 系统中的产品设计软件，WinCC 是监控与数据采集（Supervisory Control and Data Acquisition，SCADA）系统的数采软件。MES 是与 PLM 系统并列的生产执行系统，与 TC、NX 及 WinCC 并不在同一个层次，西门子

SIMATIC IT 软件是 MES 的一种，SAP 本质是 ERP 系统的一种。

同理，在西门子工业软件体系中，与 PLM、MES 及 SCADA 同样层级的 APS 对应的排产软件是 Preactor。实际上 PLM、MES、SCADA、APS 在其他公司的软件体系中也有对应的软件。

在 MES 领域中，相关的 MES 软件非常多，除了西门子之外，GE、Rockwell、Honeywell 等国外厂商都有自己的 MES 软件，国内的上海宝信软件股份有限公司、艾普工华科技（武汉）有限公司及大连华铁海兴科技有限公司也有自己的 MES 软件。MES 软件众多，也说明市场对 MES 的需求量大。对于每一个加入 MES 领域的企业来讲，都充满机会。同时也要对 MES 的复杂程度有一定的认识，它在数字化工厂体系中承上启下，处于核心位置，涉及方方面面。

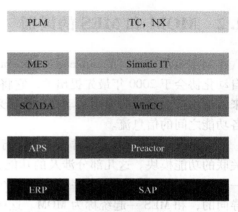

图 1-10　MES 和 TC/NX/WinCC 的区别

第 2 章

MES的发展与定义

2.1　MES 的发展历程

从 20 世纪 70 年代后期开始，就已经出现了一些解决单一问题的车间管理系统，如设备状态监控系统、质量管理系统，以及涵盖生产进度跟踪、生产统计等功能的生产管理系统。各个企业引入的只是单一功能的软件产品或系统，而不是整体的车间管理解决方案。

1990 年 11 月，美国 AMR 公司明确提出了 MES 概念。AMR 提出三层结构的信息化体系结构，将位于计划层和控制层之间的执行层称为 MES，确立了 MES 的地位。此后，美国仪器仪表、系统和自动化协会描述了 MES 模型，包括工厂管理（资源管理、调度管理、维护管理）、工厂工艺设计（文档管理、标准管理、过程优化）、过程管理（回路监督控制、数据采集）和质量管理（统计质量管理、实验室信息管理系统）四个主要功能，并由实时数据库支持。在 20 世纪 90 年代初期，MES 的重点是生产现场的信息整合。

美国制造执行系统协会（Manufacturing Execution System Association，MESA）于 1997 年提出了 MES 功能组件和集成模型，该模型包括十一个功能模块。

这一时期，大量的研究机构、政府组织参与了 MES 的标准化工作，进行相关标准、模型的研究和开发，其中涉及分布对象技术、集成技术、平台技术、互操作技术和即插即用技术等。

进入 2000 年后，MES 作为信息化应用的重要组成部分得到了市场的广泛关注，MES 领域的并购十分活跃，越来越多的北美和欧洲的 MES 软件厂商进入我国，我国不少自动化厂商，以及 PLM 和 ERP 软件厂商也开始进入 MES 市场。随着企业加强精细化管理，以及越来越严格的质量追溯和管控需求，越来越多的大、中型制造企业开始重视 MES 的应用，并开始进行 MES 选型与实施，在 MES 应用和集成方面取得了显著成效。

国际主流 MES 厂商在推广 MES 的过程中，进一步提出了制造运行管理（MOM）及制造智能（MI）等新理念，赋予了 MES 更加丰富的内涵。各大厂商通过技术的革新搭建了基于 SOA 架构的软件平台，并在数据库、应用技术、系统功能、可配置性等方面都有重要的突破。

2.2 MES 的定义

国外不同组织和研究机构形成了很多 MES 的理论和体系，包括 MES 的定义、定位模型、功能模型、数据流模型，甚至实施方法模型，但是并没有统一。比较著名的对 MES 的定义有以下几个。

2.2.1 AMR 对 MES 的定义

美国 AMR 公司将 MES 定义为"位于上层计划管理系统与底层工业控制之间的，面向车间层的信息管理系统"，为操作人员和管理人员提供计划的执行、跟踪及所有资源（人员、设备、物料、客户需求等方面）的当前状态。AMR 提出了决策层、执行层和控制层的企业信息集成的三层业务模型：第一层决策层（ERP）主要为企业提供全面管理决策；第二层执行层（MES）主要负责车间级的协调、跟踪，发现并监控相关趋势；第三层控制层（SFC）直接负责工厂生产控制的环节。

作为最早提出的经典三层架构，在 2.1 节 MES 的发展历程中对 AMR 的定义进行过相关解释。

2.2.2 MESA 对 MES 的定义

MESA 对 MES 的定义为"通过信息传递，对从订单下达到产品完成的整个生产过程进行优化管理"。当工厂里有实时事件发生时，MES 能对此及时地做出反应、报告，并利用当前的准确数据对其进行指导和处理。这种对状态变化的迅速响应使得 MES 能够减少内部没有附加值的活动，有效地指导工厂的生产运作过程，从而使其既能提高工厂及时交货能力，改善物料的流通性能，又能提高生产回报率。MES 还通过双向的直接通信在企业内部和整个产品供应链中提供有关产品行为的关键任务信息。

MESA 对 MES 的定义强调了以下三点：

1）MES 是对整个车间制造过程的优化，而不是单一解决某个生产瓶颈。

2）MES 必须提供实时收集生产过程数据的功能，并做出相应的分析和处理。

3）MES 需要与计划层和控制层进行信息交互，通过企业的连续信息流来实现企业信息集成。

知识拓展：全面质量管理理论中影响产品质量的六个主要因素人、机、料、法、环、测分别介绍如下。

1）人，操作者：操作者对质量的认识、技术熟练程度、身体状况等。包括身体状况，能力资质，有无培训等。

2）机，机器设备：机器设备、测量仪器的精度和维护保养状况等。包括设备的选型、设备的点检保养等。

3）料，材料：材料的成分、物理性能和化学性能等。包括：原料是否合格？是否在保质期范围内？型号是否正确？批次是否正确？

4）法，工艺方法：生产工艺、操作规程等。包括：是否有生产工艺？生产工艺是否正确？

5）环，环境：温度、湿度、照明和清洁条件。包括光线、温度、湿度、海拔、污染程度，以及生产资源的摆放。

6）测，即测量校准。包括：工序测量器具配置是否齐全？性能是否满足要求？是否有定期计量计划？

2.2.3 ISA 对 MES 的定义

ISA-95 标准的开发过程是由美国国家标准学会（ANSI）监督并保证其过程正确的。目前 MES 主要参照 ISA-95 标准（简称 S95），它定义了 MES 集成时所用的术语和模型。

美国标准化组织（ISA）从 1997 年启动编制《ISA-95 企业控制系统集成标准》，目的是建立企业信息系统的集成规范性，ISA-95 标准文件内容包含以下四个部分。

1）模型和术语（Models and Terminology）。

2）数据结构和属性（Data Structures and Attributes）。

3）制造业运作模型（Models of Manufacturing Operations）。

4）事务处理技术报告（Transactions Technical Report）。

ISA-95 标准内容定义了企业级计划管理系统与工厂车间级控制系统进行集成时使用的术语和标准，其内容主要包括信息化和标准化两个方面。ISA-95 标准所涉及的信息内容有产品定义信息（Product Definition Information）、生产能力信息（Production Capability Information）、生产进度信息（Production Schedule）、生产绩效信息（Production Performance）。ISA-95 标准除了将上述信息化之外，重要组成部分就是生产对象的模型标准化。ISA-95 标准的生产对象模型根据功能分成了四类九个模型，四类为资源、能力、产品定义和生产计划。资源包括人员、设备、材料和过程段对象；能力包括生产能力、过程段能力；产品定义包括产品定义信息；生产计划包括生产计划和生产性能。这九个模型内容构成了 ISA-95 标准基本模型框架，如图 2-1 所示。

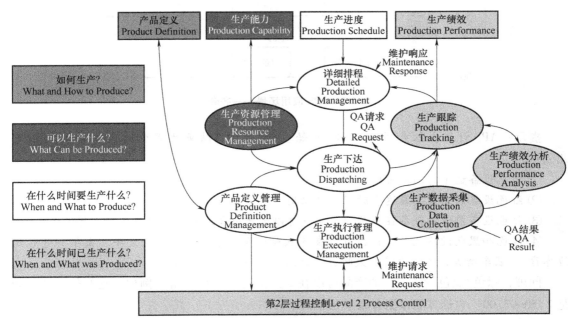

图 2-1　ISA-95 标准：数据流和生产活动模型

ISA-95 标准定义了企业商业系统和控制系统之间的集成，主要可以分成三个层次，即企业功能部分，信息流部分和控制功能部分。企业功能基于普渡大学当初建立的 CIM 功能模型；信息流部分基于普渡大学的数据流模型图和 S88 批次标准，包括产品定义、生产能力、生产计划和生产性能四种信息流；而其控制功能则基于普渡大学和 MESA 的功能模型。

ISA-95 标准的不同部分对不同层次的功能分别定义，第一层企业级的控制域定义在 ISA-95 标准的第一部分，第二层次信息交换方面，四种信息流交换的分类和对象模型也定义在第一部分，而对象模型的属性定义在第二部分，底层的生产制造和控制层的域也定义在第一部分。ISA-95 标准的第三部分则对相应的生产活动做出定义。ISA-95 标准的第三部分定义了企业生产质量、生产和维护方面的常规活动，从高度上指出了各活动之间的数据流，同时定义了八种基本生产活动：定义管理、资源管理、生产详细计划、生产部署、生产执行，跟踪、分析和数据采集。

1. APS 应用场景

在 ISA-95 标准下有一类信息是生产进度信息（Production Schedule），在 MES 领域中，当看到 Schedule 时，需要马上想到这个词的默认含义——排产或者排程，是 APS（Advanced Planning and Scheduling）的专属名词，APS 通常和 MES 一起实施，甚至有很多人将 APS 看作 MES 计划管理的一部分，本书后文会详细介绍 APS。

1）APS 应用场景——齐套，如图 2-2 所示。

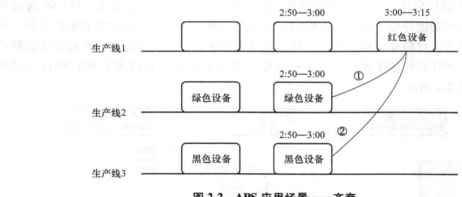

图 2-2　APS 应用场景——齐套

提示：APS 计算出红色设备 3:00 开始生产，3:15 结束生产它计算的依据有以下几点：

① 红色设备这个时间段可以用。

② 红色设备的工装夹具这个时间段可以用。

③ 红色设备前方的设备在正确的时间点可以生产出合适的产品（设备效率等）。

④ 绿色和黑色设备生产的产品可以在 3 点前送至红色设备。不能太早，太早会导致线边库存/工装车增加；不能太晚，太晚会导致红色设备的无效等待。

同理，绿色/黑色设备生产的产品可以在 3 点前送至红色设备，例如，它们的生产时间是 2:50—3:00。它计算的依据有以下几点：

① 绿色/黑色设备这个时间段可以用。

② 绿色/黑色设备的工装夹具这个时间段可以用。

③ 绿色/黑色设备前方的设备在正确的时间点可以生产出合适的产品（设备效率等）。

2）APS 应用场景——换型时间最短，如图 2-3 所示。

若设备 1 在 3:00 结束了订单 1（物料 1）的生产，接下来 APS 会给设备 1 安排哪个订单（物料）？

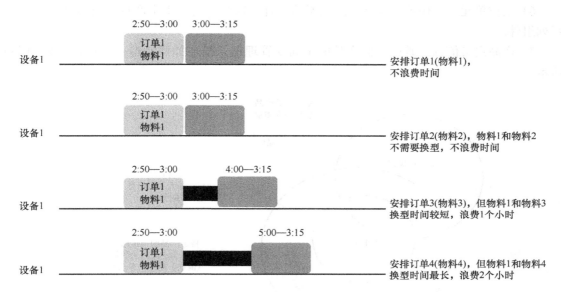

图 2-3　APS 应用场景——换型时间最短

2. ISA 定义的 MES 术语

（1）物料清单　物料清单是指所有组件、零件或用于产品制造的物料列表，包括用于产品制造的每一种材料的需求量。

（2）资源清单　资源清单是指在产品生产过程中需要的人力、物力列表，是产品制造过程中需要的关键资源列表。资源清单通常用于预测资源供应变化对生产计划排产的影响。

（3）消耗　消耗通常是指在特定的生产要求条件下，不包含在物料清单中或不单独核算的资源。

前扣料和后扣料如图 2-4 所示。

前扣料：用多少，投多少，投入量为消耗量，准确。

后扣料：按 BOM 来扣，是理论值，不是很准确，但是大多数情况下多数工厂也认可；在原料没有用废的情况下也是准确的。

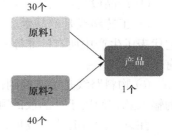

图 2-4　前扣料和后扣料

1）材料分类：Productioncentre 中的 Class。用来描述以方便调度和规划为目的，将具有类似特点的材料进行分组的一种手段。

2）材料批号：Productioncentre 中的 Lot 跟踪。它是一批材料的唯一识别码，材料批号主要描述了材料的实际数量或者可用数量、当前状态及具体属性值。

3）生产线。用于生产具体数量产品的设备和人员的组合。

4）生产单元。一整套的生产设备，这些设备将一种或多种原料通过物理化学变化转换为半成品或成品。

5）产品段。用于特定生产的资源规划和生产规则之间的共享信息。这是用于实现生产环节的人力资源、设备资源和材料规格的一个逻辑分组。

6）工作单元。工作单元是指不同机器的组合，这些机器用于生产具有类似制造要求的系列组件。

7）产品定义信息。通过交换产品的全周期管理信息描述如何制造一个产品，如图2-5所示。

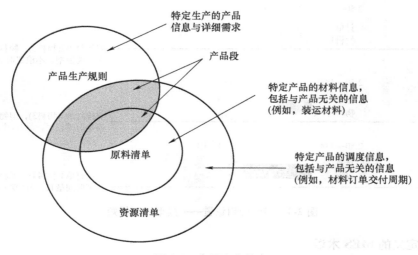

图2-5 产品定义信息

① 产品生产规则是用来指导制造业如何生产一种产品的信息。

② 原料清单是生产产品所需的所有原料的清单，该清单显示了每种原料所需的数量。原料清单是资源清单的子集。

③ 资源清单是生产产品所需的所有资源列表。

④ 产品段是产品生产规则和资源清单之间的信息重叠。

⑤ 工艺路线是产品生产规则信息和原料信息清单以外的资源信息清单之间的信息重叠，它代表了生产中所有的非原料部分，如设备、人员和能源。Production Routing包括产品段的有序序列。

⑥ 物料路线是生产规则信息和原料清单信息的信息重叠（图2-6），它代表了生产原料的输入及它们用于产品段的哪个部分。

注意：随着时代的发展，现在很多项目的工艺路线中都有可能包含了物料路线。

图2-6a的示例显示，其中的制造系统保持某种产品所需要的大部分信息；图2-6b的示例显示的是业务系统维护的大部分信息。

8）生产信息（图2-7）。ISA-95标准广泛定义了以下几个方面的内容：

① 生产计划信息：通过信息交换说明何时何地生产何物，以及需要何种资源。

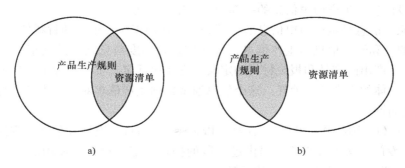

图 2-6　可能的信息重叠

② 生产性能信息：通过信息交换说明生产了什么，消耗了什么资源，也包括了所有商业系统所需要的生产产品的反馈信息。

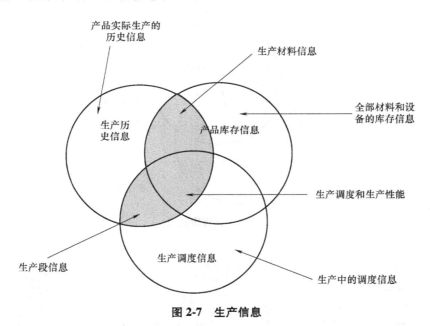

图 2-7　生产信息

③ 生产性能的信息：包括产品和资源跟踪，即跟踪生产的产品和消耗的资源，分析成本和生产性能；还包括材料移动和产品谱系跟踪。

④ 产品和过程分析，包括生产约束分析，生产关键指标分析，统计过程控制（Statistical Process Control，SPC）/统计质量控制（Statistical Quality Control，SQC）及质量测试；数据采集，包括对所有生产相关数据的搜集和存储。

⑤ 生产历史信息是关于产品生产的所有信息的记录。可能有多种命名，如批量日志、产品日志等。

⑥ 生产库存信息是关于库存原料的所有信息，包括原料的当前状态。通常情况下，对所有已经消耗的原料和生产的原料在生产库存信息中进行维护，有时需要进行财务评价的半成品也会在生产库存信息中进行维护。一些工厂的生产库存信息可能包括能源信息。

⑦ 生产调度信息：调度模型包括关于调度生产运行中执行的所有信息。

⑧ 生产段信息是生产历史信息的一部分，被用于调度。

⑨ 生产原料信息是生产历史信息的一部分，包括用于库存生产的材料信息。

⑩ 生产调度和性能信息是生产信息、库存信息和调度信息之间的共享信息。包括已消耗的原材料，生产出的产品和报废材料的定义。它还包括定义实际参加生产环节的时间、生产多少材料和具体的生产环节消耗。这个信息通常根据生产请求对实际生产进行跟踪并将信息反馈给调度周期。

9）过程段（图2-8、图2-9）。过程段（Process Segment）模型（包括过程段模型和过程段能力模型）专门定义了过程段，提供过程段的描述，定义过程段使用的资源（人员、设备和材料），定义了过程段的能力和执行顺序。

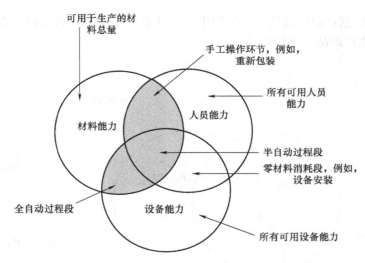

图 2-8　过程段信息

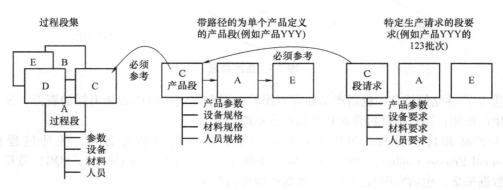

图 2-9　过程段之间的关系

10）生产能力信息。生产能力信息是在已选时间段内用于生产的所有资源的信息集合。此图对应于图2-5所示的重叠信息。由设备、材料、人员和过程段信息组成。它描述了制造控制系统的名称、术语、状态和质量。生产能力信息包含了为容量调度和维护信息建立的词汇表。

承诺能力是指将来用于生产的资源，通常是指生产过程中现存的计划和（或）原料。

理想能力是指在设备状况（如设备需维护不能使用）、设备利用（如一个容器装填 75% 且其余的 25% 不能被其他产品利用）、员工可用性（如休假）和原料可用性等条件下不能获得的资源。

2.2.4　NIST 对 MES 的定义

美国国家标准与技术研究院（NIST）对 MES 的定义是：为使从接受订货到制成最终产品全过程的管理活动得以优化，而采集硬件、软件的各种数据和状态信息的系统。

第3章

智能制造与MES

世界工业国家都很重视智慧制造的发展。德国的工业 4.0 以虚实合一系统（Cyber Physical System，CPS）为核心，以智慧工厂为精神，以机器人为焦点，但更强调创造人机协同作业的环境。美国的智能制造伙伴计划（Advanced Manufacturing Partnership，AMP），2013 年投资 22 亿美元，旨在重新取得制造业领先地位。日本的产品制造产业振兴计划，通过发展机器人技术，提升产业生产效率并降低制造成本、增加产业附加价值，协助产业转型，驱动经济成长。韩国的国家机器人产业政策——机器人未来战略，以 ICT、网际网络与机器人技术为核心，发展下一代智慧工厂。

制造业创新 3.0 的目标是通过信息技术、软件、物联网等新兴技术的整合，导入智能生产概念并在 2020 年时实现 10000 家智能工厂（Smart Plant）建设。我国"十二五"规划提出七大战略新兴产业，2015 年正式提出《中国制造 2025》。"十三五"规划关于实施制造强国战略，深入实施《中国制造 2025》，以提高制造业创新能力和基础能力为重点，推进信息技术与制造技术深度融合，促进制造业朝高端、智能、绿色、服务方向发展，培育制造业竞争新优势。

3.1 世界制造业发展方向

3.1.1 工业 4.0 概念

"工业 4.0"的概念源于 2013 年德国汉诺威工业博览会，其初衷是通过应用物联网等新技术提高德国制造业水平。随后，德国机械设备制造业联合会（VDMA）等设立了"工业 4.0"工作组，德国电气电子和信息技术协会发表了《保障德国制造业未来：关于实施工业 4.0 战略的建议》。

"工业 4.0"以智能制造为主导的第四次工业革命。德国工业 4.0 的核心内容可以总结为：建设一个网络信息物理系统（Cyber Physical System，CPS）、研究两大主题（智能工厂、智能制造）、实现三大集成（横向、纵向和点对点集成）和推进八项计划。

"工业 4.0"主要涵盖以下四大方向：

1）"智能工厂"，它是未来智能基础设施的关键组成部分，重点在智能化生产系统及过程和网络化分布生产设施的实现。

2）"智能生产"，它的侧重点在于将人机交互、智能生产物流管理、3D打印等先进技术应用于整个工业生产过程，并对整个生产流程进行监控、数据采集，以便于进行数据分析。从而形成高度灵活、个性化、网络化的产业链。生产流程智能化是实现工业4.0的关键。

3）"智能物流"，它主要通过互联网、物联网和物流网整合物流资源，充分发挥现有物流资源供应方的效率。需求方则能够快速地获得服务匹配并得到物流支持。

4）"智能服务"，它通过智能产品、状态感知控制和大数据处理，将改变产品的现有销售和使用模式。

总的来看，"工业4.0"战略的核心就是通过CPS网络实现人员、设备与产品的实时连通、相互识别和有效交流，从而构建一个高度灵活的个性化和数字化的智能制造模式。

3.1.2　中国制造2025

我国于2015年5月印发了《中国制造2025》，目的是推进我国制造业整体素质大幅提升，显著增强创新能力，明显提高全员劳动生产率，使两化（工业化和信息化）融合迈上新台阶。

"中国制造2025"的重点是：

1）提高国家制造业创新能力。

2）推进工业化与信息化的深度融合。

3）强化工业基础能力。

4）加强质量品牌建设，形成具有自主知识产权的名牌产品，不断提升企业品牌价值和中国制造整体形象。

5）全面推行绿色制造，加快制造业绿色改造升级。

6）大力推动新一代信息技术、高端装备、新材料、生物医药等重点领域的突破发展。

7）深入推进制造业结构调整，推动传统产业向中高端迈进，进一步优化制造业布局。

8）积极发展服务型制造业和生产型服务业。

9）提高制造业国际化发展水平，推动重点产业国际化布局，引导企业提高国际竞争力。

3.2　智能工厂发展趋势

"工业4.0"用一个词描述就是"智能制造"，通过互联网等通信网络，使工厂内外的物品与服务相互合作，产生前所未有的价值，形成全新的业务模式，同时也应该看到建设智能工厂的道路是漫长的，从工业2.X、3.X到4.0发展路线及主要技术特征如图3-1所示。

小知识1：什么是数字化？通俗地讲，世界上的声音、图像、文字等现实的一切都可以用0和1表示为计算机系统所识别的语言，自此计算机系统可以在这个世界中帮助人类。

小知识2：什么是自动化？通俗地讲，机械手代替或部分代替了人的手，机器人代替或部分代替了人。

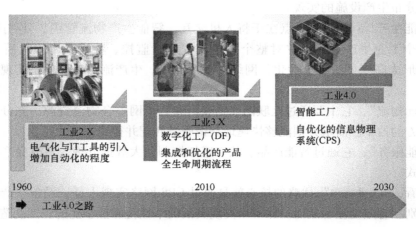

图 3-1　智能工厂建设之路

1. 传统工厂——工业 2. X

传统工厂主要采用以人工和部分制造设备为主的生产加工模式，表现为单一工序或工步，以人工和专用设备完成产品的制造、收集和暂存，信息传递以纸质方式或部分电子文件为主。

1）数字化方面：主要引入纸质或部分电子化二维制造工艺卡片制作方式，纸质工艺指导生产，工艺仿真主要以没有仿真或部分仿真为主，工艺前期仿真验证工作比较少；在生产车间主要以纸质或部分电子表格方式进行生产管理工作。

2）自动化方面：生产加工主要以设备 PLC 单点任务方式进行，实现关键设备的数据采集和集中监视，同时缺少数据采集硬件接口和软件接口通信规范。

3）智能化方面：基本上没有体现生产智能化特征。

2. 数字化工厂——工业 3. X（未来）

数字化工厂主要采用以制造柔性单元和自动化生产单元或生产线为主的生产加工模式，表现为按产品特征以模块化方式组织制造，数字化作为"思想和指令"融入制造环节。

1）数字化方面：主要引入大数据、云计算等技术，建立标准化和规范化的数字化工艺设计与仿真的业务流程，建立制造工艺知识库和资源库，以知识和流程驱动的基于模型的数字化企业。在生产车间主要引入 MES，实现车间同立二级库与立体仓库信息对接，生产计划高级排产，生产过程产品跟踪记录，全生产过程质量管控，与生产线设备充分沟通，实时设备监控，信息采集和生产制造智能信息分析。

2）自动化方面：主要引入制造柔性生产单元或生产线，实现生产线/设备互联互通，建立数据采集硬件接口和软件接口通信规范。

3）智能化方面：主要建立企业制造工艺知识库和智能逻辑规则，在部分工艺设计中实现智能化工艺，在部分制造柔性单元按照智能逻辑规则进行有限智能化生产。

小知识：柔性制造是为应对"大规模定制"生产而产生的，具有批量小而品种多的特点。与以消费者为导向，以个性化需产的方式对立的是传统大规模量产的生产模式。例如，客户定制化生产，不用切换产线即可生产不同的产品，生产线上的机器设备具有随产品变化而加工不同零件的能力；生产线上的工位可以依据订单状态、工艺流程等条件进行选择性加工。

3. 智能工厂——工业4.0（远景）

未来工业4.0是高度灵活的个性化和数字化的产品与服务的生产模式，实现跨企业的生产网络融合、虚实互联和信息物理融合，表现为智能设计、智能工艺、智能工件、智能物流、智能产线、智能产品，具有自设计、自运行、自优化、自修复、自服务的特征。主要体现在三个方面：一是"智能工厂"，重点研究智能化生产系统及过程和网络化分布式生产设施的实现；二是"智能生产"，主要涉及整个企业的生产物流管理、人机互动在工业生产过程中的应用等；三是"智能物流"，主要通过互联网、物联网、物流网来整合物流资源，充分发挥现有物流资源供应方的效率，而需求方则能够快速地获得服务匹配，得到物流支持。

1）数字化方面：依据客户订单，基于成熟的知识库和标准化流程，以自动化方式模块化配置符合订单的产品，根据产品特点进行自动识别的设计仿真验证。当设计仿真验证发现问题时，可以自动修复已配置的产品，而后自动识别进行工艺仿真验证，并具有自动修复原有设计的能力，具备自动模拟产品数字化生产过程的能力。

2）自动化方面：基于订单和产品设计及工艺要求，全自动化物料出库，全自动化加工制造和全自动化包装及出厂。

3）智能化方面：体现动态市场需求、智能产品、自组织工厂（Self Organizing Factory，SOF）、自主移动式模块化生产单元（Cyber Physical Production System，CPPS）、信息物理融合（Cyber Physical System，CPS）、大数据中心、实时数据，以及客户满意度。智能物流具备自动调度和自动运输能力；智能生产线具备自动组织工厂、智能化配置生产线和优化制造能力。

4. 信息物理系统

信息物理系统（Cyber Physical Systems，CPS）（图3-2），在很多地方也称为赛博物理系统，Cyber即为信息化的，Physical即为物理的，因此CPS即为由信息世界（Cyber）和物理实体世界（Physical）组成的系统。

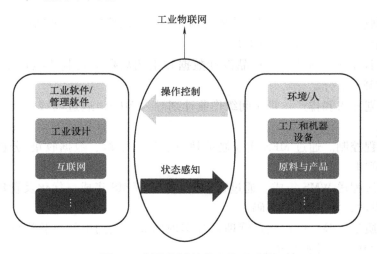

图3-2　制造领域的信息物理系统

在制造领域，信息世界是指工业软件和管理软件、工业设计、互联网和移动互联网等；物理世界是指能源环境、人员、工作环境、工厂，以及机器设备、原料与产品等。这两者一个属于实体世界，一个属于虚拟世界；一个属于物理世界，一个属于数字世界。将两者实现一一对应和相互映射的是物联网，因其是物联网在工业中的应用，故又称为工业物联网。

3.3 信息化建设蓝图规划

智能制造的数字化元素如图 3-3 所示。

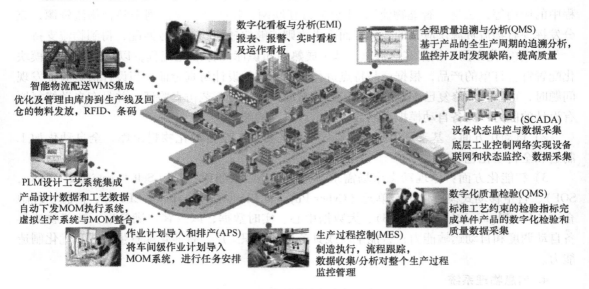

图 3-3 智能制造的数字化元素

3.3.1 具备数字化元素

企业智能制造信息化建设应按照总体规划分步实施的原则，数字化是实现智能制造的第一步，数字化生产元素主要包括以下几项。

1）PLM 设计工艺系统集成。产品设计数据和工艺数据下发制造执行系统（MES），虚拟生产系统与 MES 整合。

2）作业计划导入和排产。将车间级作业计划导入 MES，通过高级计划排程系统进行任务安排。

3）生产过程控制。通过 MES 实现制造执行、流程跟踪、数据收集/分析，对整个生产过程进行监控管理。

4）智能物流配送 WMS 集成。通过智能物流配送 WMS 集成，优化及管理由库房到产线及回仓的物料发放，如 RFID、条码。

5）数字化质量检验。通过质量管理系统实现标准工艺约束的检验指标，以完成单件产品的数字化检验和质量数据采集。

6）全程质量追溯与分析。通过 QMS 与 MES 高效协同与集成，实现基于产品的全生产周期的追溯分析，监控并及时发现缺陷，提高质量。

7）设备状态监控与数据采集。通过对底层工业控制网络的升级改造实现设备联网，通过数据采集与监控系统（SCADA）实现设备数据采集、状态监控、AGV调度，并在生产过程中实现SCADA与MES高效协同与集成。

AGV即Automated Guided Vehicle，通常也称为自动引导车，指装备有自动导引装置，能够沿规定的导引路径行驶，具有安全保护及各种移载功能的运输车，常见于仓库与生产线工位之间的物料运输。

小知识：数字化元素知识补充。

1）PLM设计工艺系统集成：集成的内容多是围绕工艺清单（Bill Of Process，BOP）如工艺参数、质量参数、设备参数、物料参数、人员参数；生产线每个工位前后相继，生产执行过程中依靠工艺清单前后串联。

2）作业计划导入和APS排产：准确来讲，在APS前方还有一个ERP/MRP系统，APS排产的输入其实是MRP系统的输出，APS利用MRP的结果进行精细化排产。

3）设备状态监控与数据采集（SCADA）：AGV调度在标准中通常是划至SCADA中管理的，但在实际做项目的过程中，通常是由MES和AGV的上位机进行集成通信的。

3.3.2 数字化制造系统集成

在新一轮产业革命背景下，信息技术的高速发展促进了新型制造体系的形成，生产力与生产关系均面临创新和变革，标准是基础、知识是灵魂、集成是重点。

纵向集成是实现智能制造的关键路径，强调企业的业务管理端、产品研发端和生产制造端各板块之间的整体集成，通过系统之间的互联互通，实现数据驱动业务过程，打通端到端的业务流，助力企业打造卓越的运营体系。

纵向集成解决方案以数字化制造系统集成平台为核心，将企业内部各独立系统通过两个集成架构（制造系统集成和应用系统集成）进行整合和统一，实现制造业务之间的协同运行。数字化制造系统集成平台如图3-4所示。

图3-4 数字化制造系统集成平台

制造系统集成以 CPS 为核心，实现智能物流、智能仓储、智能生产线等各智能单元分布式协同运行，并将运行数据实时地传递给虚拟环境形成生产数字孪生。应用系统集成通过数据总线将 PLM、ERP、MES、MDM 等系统联通，通过数据来驱动各应用系统之间的业务协同和信息共享。

3.3.3　智能制造总体集成

数字化制造系统集成平台架构如图 3-5 所示。

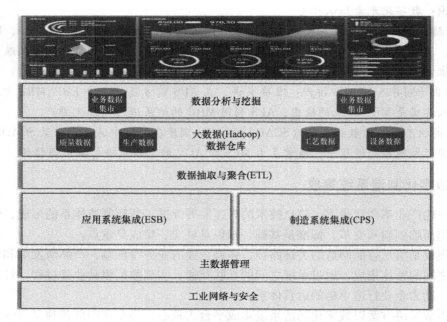

图 3-5　数字化制造系统集成平台架构

通过制造系统集成和应用系统集成，构建智能制造总体集成架构，形成企业数据能够高效流动的数据高速公路，数据在各个系统之间充分共享，并汇总至制造大数据中心，基于大数据，构建基于行业细分的业务模型，通过不断迭代验证并优化模型，最终形成知识，反馈给制造过程，实现优化管理。

纵向集成解决方案还包括可视化制造运营管理、主数据管理、工业网络与安全等，服务于生产制造端，实现生产执行管理（MES）、高级计划与排产（APS）、数据采集与监控（SCADA）、企业统一编码等。

Master Data Management（MDM）是集团型企业 MDM 主数据管理平台，统一集中管理企业信息化过程中所需的核心数据，这些数据包括物料、设备、供应商、客户、财务科目、固定资产等内容，这些统一管理的基础数据可用于不同的系统，一般多用于大型企业。

Enterprise Service Bus（ESB）是企业服务总线，简单讲，企业服务总线就是一条企业架构的总线，所有的企业服务都挂接到该总线上对外公布，负责管理服务目录，解析服务请求者的请求方法、消息格式，并对服务提供者进行寻址，转发服务请求。它本质上就是服务的请求者和服务的提供者之间的一个集成中间件，请求者只需要请求服务，而不用关注服务是如何被执行的。

3.3.4　西门子可视化制造运营管理平台架构

西门子可视化制造运营管理平台架构如图3-6所示。

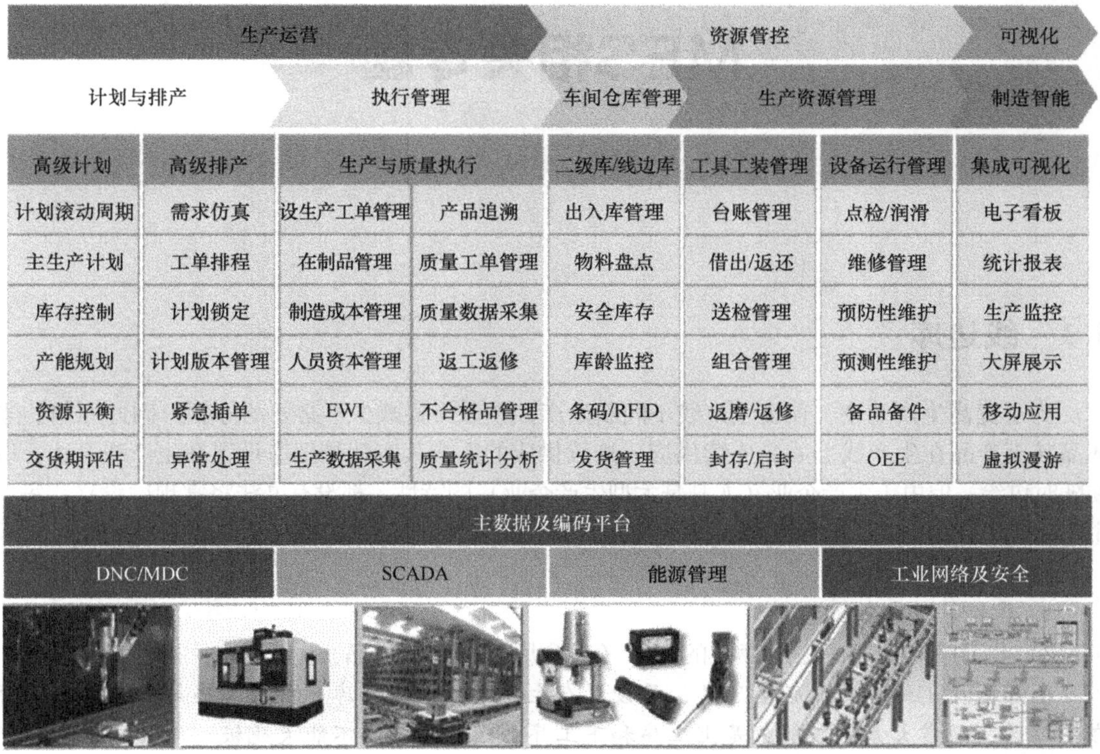

生产运营				资源管控			可视化
计划与排产		执行管理		车间仓库管理	生产资源管理		制造智能
高级计划	高级排产	生产与质量执行		二级库/线边库	工具工装管理	设备运行管理	集成可视化
计划滚动周期	需求仿真	设生产工单管理	产品追溯	出入库管理	台账管理	点检/润滑	电子看板
主生产计划	工单排程	在制品管理	质量工单管理	物料盘点	借出/返还	维修管理	统计报表
库存控制	计划锁定	制造成本管理	质量数据采集	安全库存	送检管理	预防性维护	生产监控
产能规划	计划版本管理	人员资本管理	返工返修	库龄监控	组合管理	预测性维护	大屏展示
资源平衡	紧急插单	EWI	不合格品管理	条码/RFID	返磨/返修	备品备件	移动应用
交货期评估	异常处理	生产数据采集	质量统计分析	发货管理	封存/启封	OEE	虚拟漫游

主数据及编码平台			
DNC/MDC	SCADA	能源管理	工业网络及安全

图3-6　西门子可视化制造运营管理平台架构

西门子（SIMATIC IT，SIT）的产品定位是通过统一基础框架构建MES，MES服务于产品制造全流程业务，包括用于生产计划平衡和生产订单排产的APS模块，实现从原材料投入到成品产出全过程可视化管控的MES，以及对生产过程的数据进行采集与监控的SCADA系统。车间MES是基于SIT实现，最终目标是实现APS、MES、SCADA三个系统紧密集成，向上连接工艺与计划系统，向下连接产线控制系统，实现生产制造全流程的一体化管控，构成企业内部管理的纵向集成体系。

第4章

MES相关专题

4.1 线边库

为了提高生产效率，保证生产线不间断生产，企业需要减少不必要的停顿，因此原料、半成品甚至产品在生产线上需要连续供应。连续供应的方式其实就是把库设置在生产线旁边，以便随时供给。但由于生产企业（尤其是大型生产企业）的特性，都没有办法将常规库设立在每一个车间旁边，因此常用的做法是设置线边库，线边库的作用主要就是支持生产线的不间断生产。

线边库通常有两种：

1）生产线边料架式存放。

2）上工序与下工序之间存在的库区（包含原材料、半成品）。

小知识：①线边库，顾名思义，是设置在生产线旁边的仓库；②上工序与下工序之间存在的库区，通常大家的理解就是上工序和下工序之间，但理解不能太死板。例如，作为生产线的首工序，它的上工序又是什么呢？很有可能找不到上工序，但首工序的生产很有可能也需要线边库，也需要库区。

4.1.1 线边库种类

按物料种类、价值来区分，线边库形式通常分为以下三种。

1. 自动化立库

自动化立库（图 4-1）又称为自动化高架库，造价较高，常见于自动化水平较高的企业，一般都会和输送链、机械手、载盘配合使用。

自动化立库的物料特征为：①每个物料（产品）的标识唯一；②产品可通过载盘转移；③产品价值偏高。

在大多数情况下，在建造自动化立库的时候都会配备专门的系统，这套系统通常属于仓库管理系统（Warehouse Management System，WMS）

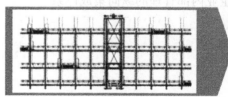

图 4-1 自动化立库

的范畴。这套系统需要接收 MES 给出的立库出入信号，以控制载盘的出入。

图 4-2 所示为一个载盘的示例。载盘的构成通常有产品、装载产品的载板、与生产线及立库交互的射频识别技术（Radio Frequency Identification, RFID）芯片、避免载板和生产线输送带直接接触的托盘，在有些情况下还会包括将产品固定在载板上的工装。

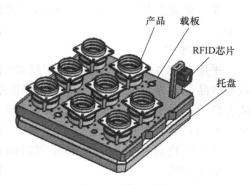

图 4-2　载盘示例

产品的唯一标识即为产品的唯一身份标识，在很多企业里又称为 SN，即 Serial Number 的缩写。如果一个产品有唯一标识，则在质量追溯体系中就可以按照单品来精准追溯，如果没有唯一标识，那就只能按照批次进行追溯。

在实际生产过程中，如果一个企业想启用质量追溯，但资金费用又不足，此时可以考虑采用条码这种经济实惠的方式；如果成本允许，则可以考虑 RFID 或激光标记的形式；如果一个企业自动化水平很高，则可以考虑采用"虚拟载盘号+位置号"的方式。

请注意"虚拟载盘号+位置号"这种追溯方式在自动化水平高的企业中很常见，但需要清楚在产品没有离开载盘之前，"虚拟载盘号+位置号"是唯一的，可以精确定位一个产品，产品生产加工和质量检测过程中所有的数据都可以通过"虚拟载盘号+位置号"来绑定；如果产品离开了载盘，那么将无法追溯。产品唯一标识如下。

1）条码（条形码/二维码）：可以贴在产品上，内含唯一标识。

2）RFID：贴在产品上或嵌入到产品上，内含唯一标识。

3）虚拟载盘号+位置号：载盘每次使用都会拥有一个虚拟载盘号，加上位置可以唯一确认一个产品。

4）激光标记：产品唯一标识，需要专门的标识打印设备。

一个载盘装 20 个产品，一个客户订购了 100 个产品，共 5 个载盘，如果客户发现某一个产品有问题，此时能否再根据"虚拟载盘号+位置号"找到当时的生产加工和检测信息？答案肯定是不能的，因为不知道这个产品对应的虚拟载盘号和位置号。

通常的做法是：在生产线上流转存储产品时，可以用"虚拟载盘号+位置号"来唯一标识，但后期需要有一个激光打标岗位进行产品的唯一打标，或者对产品进行条码绑定。

2. 非自动化高架库

非自动化高架库（图 4-3）是实际生产中针对大体积物料的常见存储方式，一般要使用叉车（图 4-4）进行物料的转移，因此产品是易于分类的。

图 4-3　非自动化高架库

图 4-4　叉车

非自动化高架库的物料特征为：①产品易分类存放；②产品体积过大；③产品价值一般。

3. 平库

平库（图 4-5）是实际生产中针对价值较低产品的常见存储方式，一般要使用叉车或者自动引导车（Automated Guided Vehicle，AGV）进行物料的转移。

平库的物料特征为：产品滞留时间短，产品价值较低。

图 4-5　平库

4.1.2　线边库管理模式

线边库的常见出入库方式总体来看分为以下两大类（图 4-6）。

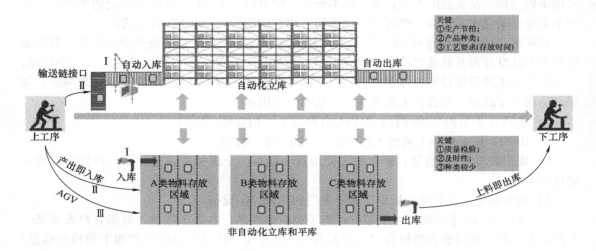

图 4-6　线边库管理常见出入库方式

（1）自动化立库

1）自动出、入库：上工序产品在立库前，通过扫描或 RFID 感应自动入库；下工序发出请料信号，立库产品自动出库。

2）输送链接口：MES 和输送链做接口，将生产的产品信息通过接口传递给输送链，输送链再和立库交互。

小知识：MES 将上工序的产品按顺序通过接口传递给输送链，输送链再按顺序传递给立库，输送链和立库最好能由同一个系统控制，这样可以保证上工序的产品顺序就是立库的入库顺序。

（2）非自动化立库和平库

1）人工扫描出、入库：人工扫描入库，库存增加，人工扫描出库，库存减少；MES 可以管理实际的物理库位，视情况管理库位内部的明细库位。

2）产出即入库，上料即出库：上工序产出即入库，系统对该产品直接生成一个虚拟库位，不管理实际的物理库位及库位内部的明细库位；下工序扫描时，系统直接从虚拟库位中扣减。

3）AGV：MES 和 AGV 做集成接口，AGV 送至库位后将实际物理库位及库位内部明细库位信息回传至 MES。

4.1.3　线边库拉动模式

1. 电子看板拉动

电子看板在任何生产性企业中都是非常常见的，通常在进入生产线时，大家可以随处可见一个大屏滚动显示当前的生产信息，如当前正在执行的是什么工单，已经生产了多少，合格品是多少等。对于线边库的电子看板来说，上面的显示信息通常有：

1）某线边库中是什么物料？

2）一共有多少数量？

3）已经消耗了多少数量？

4）当前生产节拍是多少？

5）该物料还可以用多久？

以此给物料配送人员提供配送依据，保证生产线的生产连续性。

2. JIS 拉动

JIS 全称为 Just In Sequence，通俗地讲，生产线要什么部件，供应商就送什么部件。当然，实际送货时是按一定的顺序和节拍送货的。通常这些零部件价值较高，体积较大。

如图 4-7 所示，主机厂按计划生产，会形成一个生产队列，由此生产队列，MES 可以得出所需的底盘和发动机的队列，通知配送区按顺序按时配送。

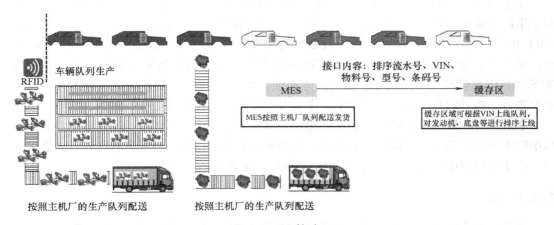

图 4-7　JIS 拉动

3. SPS 拉动

对于专用大件，通常采用 JIS 同步顺序供应方式。对于中、小专用件，若采用这种同步顺序供应，会更复杂，而且走得更远；不仅同步上线，而且还与生产线同步随行，这种方式就是 SPS，全称为 Set Parts Supply，称为零部件成套供应。

SPS 降低了生产线操作人员拣选物料的时间。同时零部件与生产线同步随行，物料箱可以放在操作人员身边，不需要走出装配区域去取物料，这同样提升了装配效率。

如图 4-8 所示，主机厂按计划生产，会形成一个生产队列，由此生产队列，MES 可以得出所需的各类零件物料的队列，物料拣配人员将每辆车所需的成套零件物料放入一个料仓内，由 AGV 牵引，在生产线上同步随行。

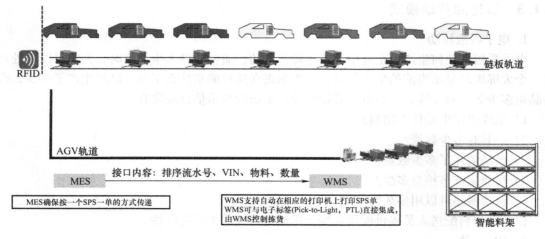

图 4-8　SPS 拉动

4.2　数据库

无论 MES、PLM 还是 ERP 系统，都与数据库有着密不可分的联系。在 MES 中，例如，对于生产建模器（Production Modeler，PM）建模的操作，对于物料管理（Material Manager，MM）的操作等，本质上全部是针对数据库的操作。由于西门子提供了相对标准的 MES 平台，减少了直面数据库的机会。但在实际项目中依然不可避免地要和数据库打交道。因为 MES 项目所要管理的内容太多，涉及方方面面，而企业的实际业务又是多种多样的，围绕平台进行二次开发其实是不可避免的，那么对于数据库的操作就必须要掌握。

本教材并非数据库专业教程，无法带领读者一窥数据库的全貌，只能将在 MES 实际项目中所要掌握的基本内容做出部分介绍，起到抛砖引玉的作用，需要读者在课后去系统地学习。在实际项目中，需要掌握的多是表、视图、T-SQL 及存储过程。

4.2.1　表

表是数据库中最常见的元素，MES 中的操作归根结底也都是对于表的操作。对于表的创建，可以使用语句来创建，也可以使用数据库的可视化工具来创建。但在实际项目中，通常都是应用数据库的可视化工具来直接创建的。

如图 4-9 所示，在 Training 数据库中创建一张表 Teacher（为方便大家理解，这里举的例子为本章的相关元素），字段分别是 Id（教师编号），Name（教师姓名），Age（教师年龄），Address（家庭住址），University（毕业院校），Salary（工资），Bouns（奖金），其中教师编号和教师姓名不能为空，且 Id 是自增的。

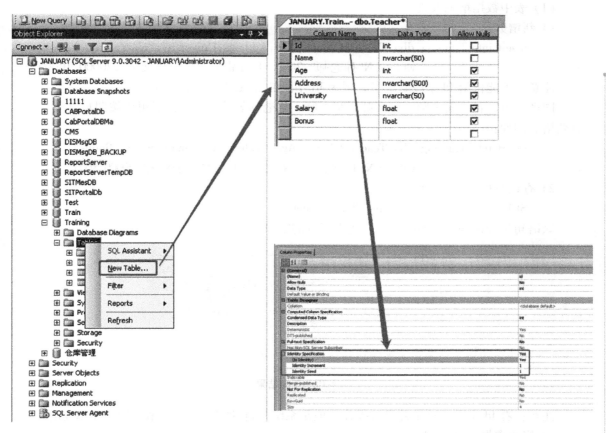

图4-9 创建表

注意，表中的字段都是有数据类型的。例如，Id 是 int 类型，Name 是 nvarchar（50）类型，Age 是 int 类型，Address 是 nvarchar（500）类型，University 是 nvarchar（50）类型，Salary 是 float 类型，Bouns 是 float 类型，这些都是项目中非常常见的数据类型。

教师编号和教师姓名不能为空，因此这两个字段不勾选 Allow Nulls，教师编号为自增，因此在选中 Id 列后，对 Identity Specification 进行了指定，种子默认是 1，自增是 1，当某字段指定了自增之后，就是将该字段交给系统进行操作，用户无须再操作了。

小知识：用语句创建上述 Teacher 表的过程如下。

```
CREATE TABLE Teacher(
        Id int Indentity(1,1)not null,
        Name nvarchar(50)not null,
        Age int,
        Address nvarchar(500),
        University nvarchar(50),
        Salary float,
        Bonus float
        )
```

（1）表中数据增删改查

1）新增数据。

    insert into Training. dbo. Teacher(Name , Age , Address , University , Salary , Bonus)
                    values(N' 孙老师' ,28 , N' 上海浦东' , N' 上海交大' ,20000 ,1000)

注意，不能再给 Id 字段赋值了，因为 Id 字段是由系统自己操作的。

同理，可以新增王老师、张老师、李老师、刘老师等的数据，读者可以按照自己理解随意新增。例如：

    insert into Training. dbo. Teacher(Name , Age , Address , University , Salary , Bonus)
                    values(N' 王老师' ,26 , N' 北京朝阳' , N' 电子科大' ,20000 ,800)

2）查询数据（图 4-10）。

    SELECT * FROM Training. dbo. Teacher

该语句是查询 SQL 语句，" * "代表所有的字段。

图 4-10　查询结果

注意：看 Id 字段，这里并没有操作，但是系统是自动按照每次递增 1 的规律填充的。

3）修改数据（图 4-11）。

    Update Training. dbo. Teacher set Salary = 21000 where Id = 1

该语句将修改 Id 为 1 的记录的工资为 21000 元，where 是修改记录的条件；如果没有 where 条件，将修改所有记录的工资为 21000 元。

图 4-11　修改结果

4）删除数据（图 4-12）。

    Delete from Training. dbo. Teacher where Id = 1

该语句将删除 Id 为 1 的记录，where 是删除记录的条件；如果没有 where 条件，将删除所有的记录。

注意：不能写成 Delete * from Training. dbo. Teacher where Id = 1。

图 4-12　删除数据结果

（2）其他常用查询　在完成了 Teacher 表的建立之后，这里同样建立一张课程表 Class，包含课程 ID、教学老师 ID、教学方式和教学补助等，一个老师可能教多门课程。这次以语句的方式来建立，如下所示：

```
CREATE TABLE [dbo].[Class](
[Id][int]IDENTITY(1,1)NOT NULL,        （Class 表自增 ID）
[TeacherID][int]NULL,                  （教师 ID，和 Teacher 表中的 Id 关联）
[TeacherName][nvarchar](50)NULL,       （教师姓名）
[ClassName][nvarchar](50)NULL,         （课程名称）
[TeachApproach][nvarchar](50)NULL,     （教学方法）
[TeachAllowance][money]NULL            （教学补助）
)
```

用 Insert 的方式为该表插入数据，插入结果如图 4-13 所示。

图 4-13　Class 表插入数据后的查询结果

注意：表中的 Teacher ID 字段在填充数据的时候不能随意填写，必须是 Teacher 表中的 Id。

1）嵌套查询。查出有授课老师的基本信息，有授课的老师出现在 Class 表中，他们的基本信息在 Teacher 表中，这里使用 In 关键字进行嵌套查询。

Select ＊ from Training.dbo.Teacher where Name in（select TeacherName from Training.dbo.Class）

查询结果如图 4-14 所示。

图 4-14　嵌套查询结果

2）统计查询。

Select count(*)as 记录行数 from Training. dbo. Teacher(查询表总记录行数)

Select sum(Salary) as 教师工资总额 from Training. dbo. Teacher(查询教师工资总额)

select avg(Salary) AS 教师平均工资 from Training. dbo. Teacher(查询教师平均工资)

Select * from Training. dbo. Teacher where Salary > (select avg (Salary) from Training. dbo.Teacher)（查询大于教师平均工资的教师基本信息）

查询结果如图 4-15 所示。

	记录行数
1	4

	教师工资总额
1	78000

	教师平均工资
1	19500

	Id	Name	Age	Address	University	Salary	Bonus
1	2	王老师	29	北京朝阳	电子科大	20000	800
2	4	李老师	30	北京海淀	北京大学	25000	800

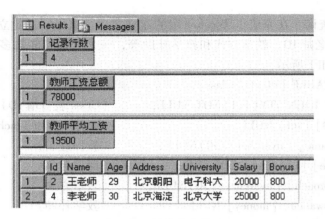

图 4-15　统计查询结果

3）模糊查询。

select * from Training. dbo. Teacher t where t. Address like N' %海淀'（查询家庭住址是以海淀结尾的教师的基本信息）

select * from Training. dbo. Teacher t where t. Address like N' 北京%'（查询家庭住址是以北京结尾的教师的基本信息）

select * from Training. dbo. Teacher t where t. Address like N' %静%'（查询家庭住址包含静的教师的基本信息）

查询结果如图 4-16 所示。

	Id	Name	Age	Address	University	Salary	Bonus
1	3	张老师	26	北京海淀	清华大学	15000	800
2	4	李老师	30	北京海淀	北京大学	25000	800

	Id	Name	Age	Address	University	Salary	Bonus
1	2	王老师	29	北京朝阳	电子科大	20000	800
2	3	张老师	26	北京海淀	清华大学	15000	800
3	4	李老师	30	北京海淀	北京大学	25000	800

	Id	Name	Age	Address	University	Salary	Bonus
1	5	刘老师	27	上海静安	交通大学	18000	500

图 4-16　模糊查询结果

4）分组查询。

Select University as 毕业院校，max（Salary）as 最高工资，min（Salary）as 最低工资，avg（Salary）as 平均工资，sum（Salary）as 工资总额，sum（Salary+Bonus）as 收入总额。

from Training. dbo. Teacher group by University（以毕业院校分组，查询最高工资、最低工资、平均工资、工资总额、收入总额）

having sum（Salary）>15000（从以上毕业院校分组结果中，查询出工资总额大于15000的信息）

查询结果如图4-17所示。

	毕业院校	最高工资	最低工资	平均工资	工资总额	收入总额
1	交通大学	18000	18000	18000	18000	18500
2	北京大学	25000	25000	25000	25000	25800
3	电子科大	20000	20000	20000	20000	20800

图4-17 分组查询结果

5）连接查询。通过连接查询，将不同表的数据串联在一起，使查询的信息更丰富，如下所示：

Select * from［Training］.［dbo］.［Teacher］as t inner join［Training］.dbo. Class as c on t. Id＝c. TeacherID（内连接获取教师基本信息和课程信息）（只选取满足连接条件的记录）

Select * from［Training］.［dbo］.［Teacher］as t left join［Training］.dbo. Class as c on t. Id＝c. TeacherID（内连接获取教师基本信息和课程信息）（以上侧表为基准,选取满足连接条件的记录,如果在下侧表中找不到和上侧表对应的记录,则填充 NULL 值）

查询结果如图4-18所示。

	Id	Name	Age	Address	University	Salary	Bonus	Id	Teacher..	TeacherName	ClassName	TeachApproach	TeachAllowance
1	4	李老师	30	北京海淀	北京大学	25000	800	2	4	李老师	MES+DB	OnSite	1600.00
2	4	李老师	30	北京海淀	北京大学	25000	800	3	4	李老师	APS	OnSite	800.00
3	5	刘老师	27	上海静安	交通大学	18000	500	1	5	刘老师	TC	OnSite	800.00

	Id	Name	Age	Address	University	Salary	Bonus	Id	Teacher..	TeacherName	ClassName	TeachApproach	TeachAllowance
1	2	王老师	29	北京朝阳	电子科大	20000	800	NULL	NULL	NULL	NULL	NULL	NULL
2	3	张老师	26	北京海淀	清华大学	15000	800	NULL	NULL	NULL	NULL	NULL	NULL
3	4	李老师	30	北京海淀	北京大学	25000	800	2	4	李老师	MES+DB	OnSite	1600.00
4	4	李老师	30	北京海淀	北京大学	25000	800	3	4	李老师	APS	OnSite	800.00
5	5	刘老师	27	上海静安	交通大学	18000	500	1	5	刘老师	TC	OnSite	800.00

图4-18 连接查询结果

4.2.2 视图

视图也是项目中常见的一类数据库元素，它的本质就是4.2.1节中的"查询语句"。它可以完成一张表或几张表之间的复杂连接查询；能够在众多的表中抽取有用的数据进行展示，方便使用。大多数的应用场景是在 MES 项目中，表非常多，数据也分别存放在不同的表中；面对的用户也非常多，不同的用户需要不同的数据，因此可以通过视图把各类表的数据进行有效地串联统一。

（1）创建视图 视图也和表一样，可以利用数据库的可视化构建器来完成，也可以利用 T-SQL 语句来完成，但在实际项目中，99.9%以上均是由 T-SQL 语句来完成的，因为使用语句来创建更灵活、更便捷。

以 4.2.1 节中的连接查询为例，直接用 T-SQL 来完成一个视图的创建。

```
Create View TeacherClassInfo
As
Select t. Id , t. Name , t. Age , c. ClassName , c. TeachApproach
from[Training]. [dbo]. [Teacher] as t left join [Training]. dbo. Class as c on t. Id =
c. TeacherID WHERE t. Age>28
```

可以看出，视图的本质就是 T-SQL 语句，可以随意控制视图中对外暴露的数据。例如，上面的视图只选取了教师编号、教师姓名、教师年龄、教师所教授的课程名称，以及教师的授课方式这几个字段，并且对教师年龄做了筛选。

可以把视图看作一个特殊的表，因此可以用操作表的方式来操作视图，图 4-19 是查询刚刚建立的视图的结果。

（2）视图的特点

1）可以定制用户数据，聚焦特定的数据。

2）在视图中，可以灵活选取关注的数据，如图 4-19 所示只选取了关注的几个字段。

3）可以简化数据操作。

4）在视图中，将关注的数据进行了重构，用户只操作视图，而不用管理视图背后大量的表。

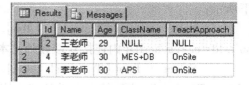

图 4-19　视图查询结果

5）表中的数据具有一定的安全性。

6）在视图中，用户只操作视图，其实是保护了视图背后的表。

7）性能差，修改数据有限制。

在视图中，数据的应用其实是会牺牲查询性能的。视图的本质是查询语句，查询语句的本质是对表的操作，因此对视图的查询，数据库需要将其转化成为对表的查询，如果这个视图是由一个复杂的多表查询所定义的，那么即使是视图的一个简单查询，数据库也要把它变成一个复杂的结合体，需要花费一定的时间。

视图中数据的修改也是有限制的，当用户试图修改视图的某些信息时，数据库必须把它转化为对表的某些信息的修改，对于简单的视图来说，这是很方便的，但是对于比较复杂的视图可能就是不可修改的。

4.2.3　存储过程

存储过程其实是表、视图、函数（本书没有讲解）、嵌套、统计、分组、连接，以及流程控制语句等各类数据库元素的集合。在利用数据库可视化工具进行数据库操作时，例如，对数据库进行改名，对数据库进行分离和附加操作，这些操作的后台都在进行数据库存储过程的调用。对数据库进行改名，运行的存储过程是 sp_renamedb；对数据库进行分离和附加、运行的存储过程分别是 sp_detach_db 和 sp_attach_db。

实际上，在西门子的 SIMATIC IT 生产套件中，平台提供了大量的应用程序接口（Application Programming Interface，API），这些 API 的本质其实就是存储过程。只不过平台为了降低用户对数据库的使用难度，对存储过程进行了封装。关于 SIMATIC IT 生产套件的 API，将在本书下册中进行介绍。

（1）创建存储过程　存储过程通常是带参数的，当然也可以不带参数。大多的应用场景是开发人员直接调用某个存储过程，并按照要求给存储过程传递参数，之后由存储过程直接给出运算结果，开发人员无需关心存储过程内部是如何写的。

存储过程可以写得很复杂，也可以写得很简单，在此首先完成一个相对简单，但在 MES 的二次开发中又非常常见的存储过程示例。

以 4.2.1 节中的教师表 Teacher 为例，按照条件查询教师表的基本信息。查询参数是教师姓名和家庭住址，而且要求模糊查询。

应用场景是什么呢？想象一下，用户在一个查询界面中可能要做的操作如下：

1）输入教师姓名和家庭住址（教师姓名可能没有输全，家庭住址也可能没有输全），单击"查询"按钮。

2）输入教师姓名（教师姓名可能没有输全），没有输入家庭住址，单击"查询"按钮。

3）输入家庭住址（家庭住址可能没有输全），没有输入教师姓名，单击"查询"按钮。

4）既没有输入教师姓名，也没有输入家庭住址，单击"查询"按钮。

一个良好的存储过程必须要能同时支持以上四种情况。作为一名顾问，也必须要考虑到用户可能操作的这四种情况。

注意：在实际的 MES 项目中，查询的应当是生产、物料、质量等相关信息，在此为了让读者便于理解，以 Teacher 表举例。

```
Create proc [dbo].[getTeacherInfo]
        @Name nvarchar(50)=",
        @Address nvarchar(500)="
as
begin
        select * from Training.dbo.Teacher t where t.Name like case @Name when"
THEN t.Name ELSE ('%'+@Name+'%') END
                                AND t.Address like CASE @Address when "THEN t.Address
ELSE ('%'+@Address+'%') END
    End
```

如上面的创建过程，Create proc 是创建存储过程的关键词，getTreacherInfo 是存储过程的名字；@Name 和@Address 是存储过程的参数，nvarchar 是参数类型可变长字符串，同时也指定了该参数的长度，并赋予了默认值。

针对这两个参数，用户可能全部输入，也可能输入一个，也可能全部不输入，因此必须采用 case when 的形式，判定参数传递过来是否为空串（此处有一个隐含前提，是假如用户没有输入条件，则开发人员在调用此存储过程时，给该对应的参数传空串；或者根本不操作，因为存储过程已经指定了默认值为空串），如果为空串，则进行"字段"="字段"这样的恒等操作，如"t.Name=t.Name"即是恒等操作。

由于用户很有可能输不全这两个参数，因此必须采用 like 这样的模糊查询。

（2）执行存储过程 可以在集成开发工具中调用存储过程并执行，这里只在数据库中进行演示，集成开发工具中调用存储过程的本质也是由数据库进行调用。调用方式是 EXEC 关键字。

> EXEC［dbo］.［getTeacherInfo］
>
> @ Name = N"，
>
> @ Address = N' 海淀'

存储过程的查询结果如图 4-20 所示。

（3）存储过程综合运用 这里需要完成一个稍微复杂且在项目中十分常见的存储过程，这个存储过程的编写，将会在上机过程中完成。

图 4-20 存储过程的查询结果

该存储过程综合应用临时表、批量插入、数据遍历、增改查、分组、连接功能，要求实现如下功能：

1）实现按教师编号、姓名、年龄、地址、毕业学校，进行教师总收入信息查询，其中姓名、地址、毕业学校是模糊查询。

2）教师编号、姓名、年龄、地址、毕业学校这几查询条件都是可选择的，可以单条件、多条件或无条件查询。

3）查询显示教师的基本信息，并对总收入进行统计。

设计思路如下。

定义一张教师表 Teacher，其中包括的字段有：Id、Name、Age、Address、University、Salary、Bonus，分别表示教师编号、教师姓名、教师年龄、家庭住址、毕业院校、月工资、月奖金，类型分别为 int、nvarchar（50）、int、nvarchar（500）、nvarchar（50）、float、float。Id 设为自增字段。

定义一张授课表 Class，其中包括的字段有：Id、TeacherId、TeacherName、ClassName、TeachApproach、TeachAllowance，分别表示授课编号、教师编号、教师姓名、授课名称、授课方式、教学补助，类型分别为 int、int、nvarchar（50）、nvarchar（50）、nvarchar（50）、float。Id 设为自增字段，TeacherId 和教师表的 Id 是相关联的。

1）教师表：教师均有工资和奖金。

2）课程表：有的教师不在授课表中，因此没有教学补助；有的教师教授多门课程，多次出现在授课表中，因此有的教师会有多个教学补助。

因此思考如下：

1）无论教师是否教课，均要取得他的教师编号和姓名等基本信息。

2）通过教师编号可以在教师表中获取月工资和月奖金及其他基本信息，也可以通过课程表来获取对应的授课补助（有可能是多个授课补助）。

3）获取教师基本信息后，对其进行遍历以获取所有教师的总收入。

4）查询结果信息本质是不保存的，因此定义临时表进行存储，查询完成后进行撤销。

4.3 高级计划与排产

APS 中文为高级计划与排产。从这个名称就可以看出，APS 应包括两部分，分别是高级计划（AP）和高级排产（AS）。在 1.3 节 MES 和 TC/NX/WinCC 的区别中，已经介绍过 APS 和 MES 本质是位于不同的生产管理层次内。但在实际项目中，APS 单独立项的项目相对较少，一般都要和 MES 一起进行咨询和实施。在众多的 MES 项目中，用户会把 APS 当成是 MES 计划管理模块的一部分，而在西门子提供给客户的数字化工厂解决方案里，会依据客户的需求，提供 APS 解决方案，甚至只是给客户提供 MES 的解决方案时，也会根据客户需求在后期提供相应的 APS 解决方案。

4.3.1 AP 和 AS 的区别

简单来讲，AP 是用于集团层面的计划，是到基地、分厂、生产线的纬度，AS 是车间层面的排程，是到工段、设备的纬度；前者是战略决策工具，后者是战略决策支援工具。

1. AP 与 AS 的应用分类及侧重点

如图 4-21 所示：时间上，AP 的排产纬度是年、月、周、日；AS 的排产纬度是周、日、时、分。但在实际项目中，AP 一般都是到月，最多也就是到周。而需要特别强调的是，AS 是可以排产到分钟的，这是精细化排产。

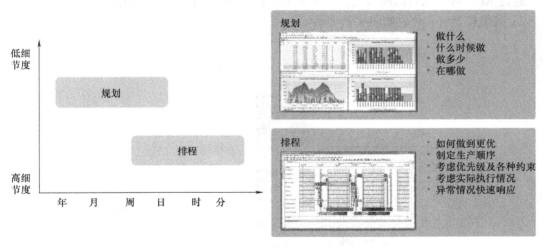

图 4-21 AP 和 AS 的应用分类和侧重点

范围上，AP 专注的是公司层面的问题，如：①做什么；②什么时候做（粗颗粒度）；③做多少（粗颗粒度）；④在哪里做（粗颗粒度，对应到分公司、基地、分厂、生产线等）。

AS 专注的是车间层面的问题。

首先声明，AS 也可以解决"做什么、什么时候做、做多少、在哪里做"的问题。但是 AS 的纬度更细，因为它的排产是到生产线上的设备的，精确到时、分、秒。也正因为如此，它考虑的因素更侧重于以下几点：①如何做到更优；②制定生产顺序；③考虑优先级及各种约束；④考虑实际执行情况；⑤异常情况快速响应。

1）高级计划（AP），如图 4-22 所示。

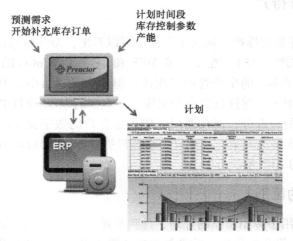

图 4-22　高级计划（AP）

AP 是战略决策工具，考虑预测订单及长期订单，以确定可行性并设置生产的大致方向。动态设置目标库存水平以满足未来需求，综合考虑约束、物料库存期等因素，平衡多种资源之间的负荷，最终生成指导公司的远景计划。

通过 AP，可以执行的决策是：①增加工人；②增加资源产能；③增加工厂。

2）高级排产（AS），如图 4-23 所示。

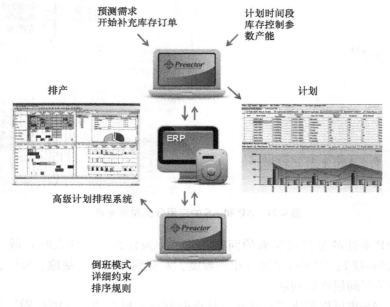

图 4-23　高级排产（AS）

AS 是战略决策支援工具，考虑详细的生产需求，提供生产序列和工作项列表，预测生产变化、生产中断、机器故障和废料的影响，并对实时生产效率做出反应，最终生成指导车间生产的精细排产。

通过AS，可以执行的决策是：①加班；②订单优先化；③合并生产批次；④交货期交涉；⑤订单承诺（Capable to Promise，CTP；Available to Promise，ATP）。

2. AS功能

当前西门子的项目用得最多的是车间排产到设备，排产到时、分、秒的精细化排程，即APS中AS的部分，在此简单强调一下AS。首先通过图4-24直观地了解一下AS的功能。

如图4-24所示，图4-24a已用100%产能的产能计划，目的只是让资源不被闲置。当100%的产能已用完时，请关注图4-24b的排产项，按照这个产能计划进行订单排布时，无序的任务单之间会出现准备时间（黑色长方块），最终会发现该资源已经超负荷，A6这个任务单已经超出了产能范围。如果采用AS排产，资源会得到充分利用，如图4-25所示。

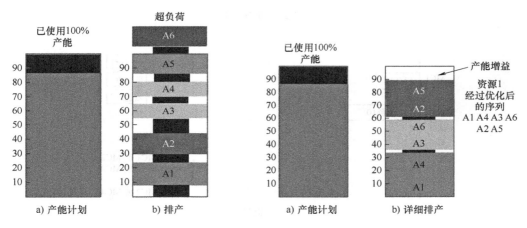

图4-24　通过详细的排产　　　　图4-25　通过详细的排产
提高准时交付绩效（一）　　　　提高准时交付绩效（二）

将任务单在资源上进行优化排布，不需要准备时间的放在一起进行生产，最终产生了一部分产能增益，有了这一部分产能增益，生产线可以生产更多的产品，创造更高价值的收益。

（1）AS标准算法——正向排程（图4-26中MC1、MC2、MC3、MC4分别代表资源1、资源2、资源3、资源4，下文同）　以图4-26为例，绿色Pr1、紫色Pr2、蓝色Pr3为订单，10、20、30、40分别为订单排布在各个工序（各工序前后相继，做完工序10才能做工序20、工序30和工序40）上的任务单，其中工序10可以利用资源1和资源2，工序20可以利用资源2和资源4，工序30可以利用资源3，工序40可以利用资源2和资源4。

1）依次在资源1上排绿色10，资源2上排绿色20，资源3上排绿色30，资源4上排绿色40。

2）依次在资源2上排紫色10，资源4上排紫色20，资源3上排紫色30，资源2上排紫色40。

绿色10可以用资源1和资源2，为什么会选择资源1，而不是资源2？因为绿色10在资源1上耗费的时间更短，更高效（图4-27）。

紫色10可以用资源1和资源2，为什么会选择资源2，而不是资源1？因为紫色10在资源2上更早开始，更早结束（图4-28），这意味着资源2可以更早释放，去加工别的订单。

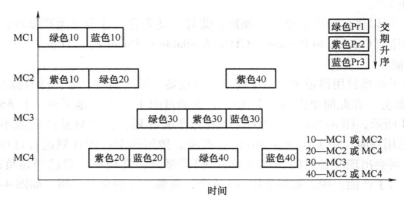

图 4-26 正向排程

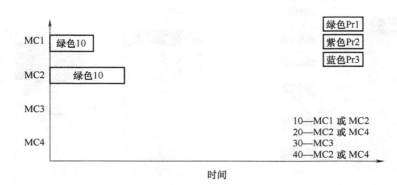

图 4-27 绿色 10 在资源 1 上耗费的时间更短，更高效

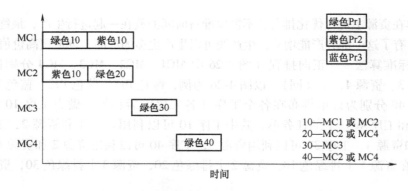

图 4-28 紫色 10 在资源 2 上更早开始，更早结束

以上两个原因会让系统择优选取资源进行排产，同理读者也可以理解其他任务单的排产原因，在此略过第 3 步蓝色工单的排产。当然 APS 资源选取的因素不限于此，也可以根据需要进行排产因素的自定义。

（2）AS 标准算法——反向排程（图 4-29） 反向排程和正向排程算法相仿，但是从交期开始从后向前排，先排 40，再依次排 30、20 和 10，在排产的过程中也要参考该任务单在资源上的加工效率、开始时间和结束时间等因素，在此就不赘述了。

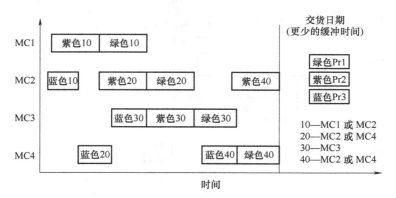

图4-29　反向排程

（3）移转批量（图4-30、图4-31）　移转批量是APS功能实现中很重要的一个因素，可以在很大程度上提升设备的生产效率。一个任务单有100个产品，如果这一个任务全部做完之后，再转移到下一道工序来做，那么下一道工序就有可能会出现等待上一道工序的情况，这种情况有可能会造成下一道工序的等待时间损失。

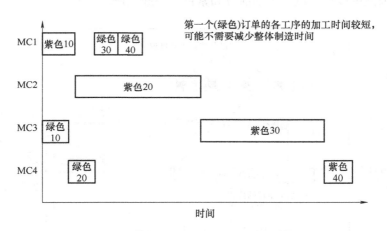

图4-30　紫色20和30之间不设置移转批量

在APS中设置了移转批量的概念，使这一个任务单的100个产品不用全部加工完，即可向下一道工序移转产品，以保证生产的连续性。

可以非常明显地看出，设置了移转批量后，整体制造时间缩短了很多，生产效率大大提升。

（4）前瞻时间窗（图4-32）　APS中前瞻时间窗的设置，可以尽可能地减少产品切换生产时的换型时间，从而提升生产效率，以图4-32为例，相同颜色的任务块是相同订单，或不同订单但不用换型的。

当前瞻时间窗设置为2天时，从Day1可以看到Day3，为了减少换型，可以将白色2提到前方和白色1一起生产，可以将黄色3提到前方和黄色2一起生产，从Day2可以看到

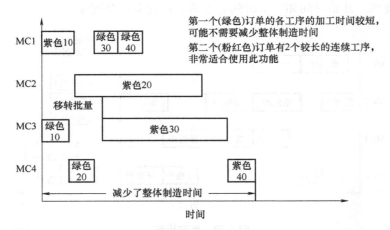

图 4-31　紫色 20 和 30 之间设置移转批量

Day4，因此可以将紫色 3 提到前方和紫色 2 一起生产。

当前瞻时间窗设置为 3 天时，从 Day1 可以看到 Day4，为了减少换型，可以将白色 2 和白色 4 提到前方和白色 1 一起生产，可以将黄色 3 提到前方和黄色 2 一起生产，从 Day2 可以看到 Day4，因此可以将紫色 3 提到前方和紫色 2 一起生产。

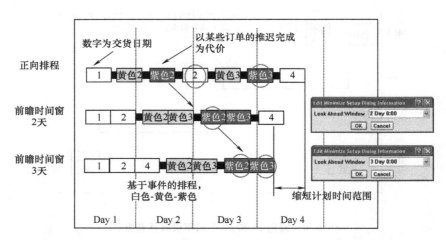

图 4-32　前瞻时间窗的设置

注意：请关注紫色 2，由于时间窗的设置，相关订单被提前生产，从而占用了资源，导致紫色订单的生产延误，有可能满足不了紫色订单的生产交期。因此，前瞻时间窗的设置有可能是以某些订单的推迟完成为代价的，前瞻时间窗的设置过程也是资源平衡过程。

第 5 章

国内外MES软件生产企业

5.1 国内 MES 软件生产企业

1. 分类

目前在国内，按照主要服务行业的不同，MES 软件生产企业大致可以分为以下四类。

1）借鉴国外自动化企业的成功经验，背靠国内垄断行业发展自身优势产品，如石化盈科信息技术有限责任公司（简称石化盈科）、上海宝信软件股份有限公司（简称宝信软件）等，主要服务石化、烟草等偏流程的企业。

2）主要服务电子、汽车等离散工业的软件公司，如明基逐鹿软件（苏州）有限公司（简称明基逐鹿）、中冠资讯股份有限公司、羽冠（南京）系统集成有限公司等。

3）与本土企业结合发展的国内软件企业，如万友软件有限公司、和利时科技集团有限公司等，具有很强的本土优势，很适合本土制造企业使用。

4）一些小型 MES 软件生产企业或者小型 ERP 生产企业。

2. 国内典型 MES 软件生产企业简介

（1）石化盈科　石化盈科信息技术有限责任公司成立于 2002 年，依托多年能源化工行业信息化实践经验，面向未来产业互联趋势，以市场为导向，构建起咨询、设计、研发、交付、运营的完整服务价值链，形成了咨询规划、智慧经营、智能制造、商业新业态、新基础设施、智能硬件等核心业务。凭借丰富的行业经验，专注于将先进的 ICT 技术与传统产业结合，石化盈科已经成长为能源化工行业全产业链信息化解决方案和产品的提供商，能够为客户提供优质和专业的信息技术服务。同时，石化盈科积蓄了多种业务能力，积极参与国家标准的制定，打造了面向能源化工行业拥有自主知识产权的工业互联网平台 ProMACE®，该平台积聚工业数据、工业模型和工业知识，创新运营模式，重构和优化了产业价值链。

石化盈科是国家规划布局内重点软件企业，拥有高新技术企业、双软企业、软件开发管理体系 CMMI5 级以及 ISO、HSE 等多种体系认证，拥有信息系统集成及服务大型一级、国家首批 ITSS 认证、建筑智能化系统设计专项甲级、电子与智能化工程专业承包一级、安防工程企业设计施工能力一级等多项顶级资质，是我国智能制造系统解决方案供应商联盟十三家理事长单位之一。

石化盈科以"企业数字化转型的使能者"为愿景，以"产品+平台+服务"作为企业数字化转型的核心动力，为客户赋值、赋智、赋能，帮助客户重塑管理架构，创新商业模式，实现战略转型，推动能源化工行业向数字化、网络化、智能化迈进。

（2）宝信软件　宝信软件是中国宝武集团实际控制、宝钢股份控股的上市软件企业，总部位于上海自由贸易试验区。历经 40 余年发展，宝信软件在推动信息化与工业化深度融合、支撑我国制造企业发展方式转变、提升城市智能化水平等方面做出了突出的贡献，成为我国领先的工业软件行业应用解决方案和服务提供商。公司产品与服务业绩遍及钢铁、交通、医药、有色、化工、装备制造、金融等多个行业。

近年来，宝信软件坚持"智慧化"发展战略，积极投身"新基建"与"在线新经济"，加大投入工业互联网平台建设，致力于推动新一代信息技术与实体经济融合创新，促进工业全要素、全产业链、全价值链深度互联，引领制造业向数字化、网络化、智能化转型升级。同时，公司持续推进新型智慧城市建设，以智慧交通、智慧园区、城市应急管理为切入点，深入探索智慧城市新模式和新业态。该公司把握前沿技术发展方向，借助商业模式创新，全面提供工业互联网、数据中心（新一代信息基础设施）、大数据、云计算、人工智能、基于 5G 的应用、工业机器人等相关产品和服务，努力成为贯彻推动"互联网+先进制造业"战略的行业领军企业，成为智慧城市建设与创新的中坚力量。

（3）明基逐鹿　明基逐鹿软件（苏州）有限公司是 IT 技术、顾问服务、业务流程外包解决方案提供商，旨在将明基集团 30 多年全球管理运营经验与数百家知名企业累计的管理真知，通过 Smart Enterprise、Smart Factory、Smart Education、Smart Store、Smart Hospital 规划分享给国内快速成长的企业客户。明基逐鹿以资讯化经验为基石，以普及我国企业资讯化应用为使命，致力于推动我国企业管理的变革，与客户分享成功，共用快乐。

（4）中冠资讯　中冠资讯隶属于中钢集团，于 2000 年 4 月成立，历经多年来的发展，通过产业数字转型，结合 AI、自动化信息专业人才、先进软件技术，成功构建了整体信息整合系统。在产业服务方面，该公司也积极朝向多元化发展，获得了用户的一致好评，包含各类制造业（钢铁、金属加工、电子、石化等），并且涵盖了贸易、航运、捷运、创投等领域。该公司有信息系统业务（E）、信息系统技术开发（S）、智能自动化（K）及管理暨企划（M）四个部门，ERP、MES 领域以自有资深技术服务群与软件研发群，结合中钢资深企管顾问、ICT 协力商、国内外学术院所等，组成实力强劲的服务阵容，并引入产学界如大数据、智能化、移动互连、云储存/计算等最新应用观念与趋势，通过优质管理咨询顾问与信息系统发展等服务，确保用户信息化建设的投资效益与成果。

中冠资讯的智能自动化领域工程师服务团队，不但具备信息技术的专长，且具有专业领域的特殊知识，引导客户接受新的观念及新的应用，针对客户的需求提供完整的客制化功能，规划完善的建议书，进行相关应用系统的软/硬件设计与开发，提供完整的系统并确保质量的稳定性；涵盖十四大事业群，即热轧延、原矿处理、公用设施、冷轧延、高炉及炼钢、智能仓储、智能物流、智能装备、制程信息及检测、智能监测设备、大众运输、自动收费暨中央监控、通信系统和信息系统平台整体解决方案，提供智能自动化整体解决方案的技术支持及信息服务，以提升生产效率，强化企业竞争能力。

（5）万友软件有限公司　万友软件有限公司成立于 2003 年，是实施制造企业信息化的高新技术企业，并通过了"双软"认证（软件产品与软件企业认证）。在制造执行管理、上料防错管理、质量追溯管理等企业生产管理领域内，是具有很强实力的应用开发与集成商。万友软件努力追求与科技创新，使得公司在短短几年内迅速而稳步地发展。在制造企业的精益生产管理、质量管理、控制集成、生产成本管理等方面，有着极强的优势，形成了众多优秀科技成果，有多项成果获得了广东省科技项目奖，在企业信息化方面积累了丰富的开发实施经验。

5.2　国外 MES 软件生产企业

1. 分类

随着国际 MES 市场的发展，MES 软件生产企业犹如雨后春笋般涌现出来，而它们的来源也主要有以下五类。

1）以自动化设备为基础发展而来。MES 的数据采集与指令执行就是和底层设备打交道，这些企业进入 MES 领域有着天然的优势，它们对自动化设备了如指掌。这类企业的代表有 GE Fanuc、Siemens、Rockwell 等。

2）从专业 SCADA 系统、人机交互（Human-Machine Interaction，HMI）系统公司发展而来。这些企业多是从开发人机界面开始，然后扩展到 MES 领域的，这类企业的代表有 AdAstra、Wonderware、Citech（已被收购，但独立运营）等。

3）从专业 MES 发展而来。这些企业一开始就专注于 MES 或者 MES 中的某一项功能，如自动识别、质量管理、组态系统、测控等，然后不断发展、不断积累而来。现在这些企业面临的生存环境越来越恶劣，很多已经被并购，而并购者多是自动化设备供应商。例如，Siemens 收购比利时的 Compex IT Plant Solutions 公司的 MES 产品 Pro CX、Camstar Systems，GE Fanuc 并购 MES 软件产品的供应商 Mountain Systems（Proficy），Rockwell 自动化收购 Enterprise Technology Group、Datasweep。目前，这类企业仍存在的代表有 MFsoft、Honeywell 等。

4）从 PLM、ERP 等领域延伸而来。由于 MES 的专业性很强，所以目前 PLM、ERP 等企业进入这个领域的并不多，这类企业的代表有 SAP（ME）等。

5）从其他领域延伸而来。例如，Apriso（已被达索收购）是从数据采集和数据挖掘领域延伸到 MES 的，它从 1998 全面介入 MES 软件的开发。

2. 国外典型 MES 软件生产企业简介

（1）Siemens　Siemens 公司将企业老牌生产执行系统产品组合形成 SIMATIC IT。随着高度动态的市场及性能需求方面挑战的提高，集成生产工厂中的有效数据处理成为其获得成功的关键因素。满足这些需求的最佳方法是使用整体、可扩展的生产执行系统。SIMATIC IT 是一款可扩展的、基于标准的生产执行智能系统，提供有多种功能，并能以较高的产品质量实现优化使用。SIMATIC IT 提供可用于应用构建功能的宽调色板。生产研发及生产环境的可组态标准功能由标准产品部件提供。同时 SIMATIC IT 还包括丰富的集成功能套件。其标准功能包括与业务系统、控制系统及 PLM 之间的协作能力。SIMATIC IT 解决方案不但包括标准功能，而且能够完全满足特定过程或工厂的特殊要求。该生产管理软件提供整套功能，包括由西门子或西门子的全球合作伙伴提供的售前服务、授权、培训及实施服务。

同时，西门子的 Opcenter 是一套完整的制造运营管理（MOM）解决方案，用于实施有助于制造运营实现全面数字化的战略。Opcenter 提供端到端的生产可见性，这使得决策者们可以轻松地找出产品设计和相关制造流程中需要加以改进的部分，并制定必要的操作调整以使生产更加流畅和高效。Opcenter 所采用的技术与架构可适应不同行业流程的具体要求。它提供了广泛的 MOM 应用，并为之配备了丰富的行业特有功能生态系统，而这一切均源于其在制造业领域所拥有的深厚专业知识。高扩展性的平台还提供了多种功能，使用户能够将生产效率与质量和可见性相结合，缩短生产时间。Opcenter 提供以下解决方案，即高级规划和调度，制造执行，质量管理，制造智能和性能研究、开发和实验。

（2）SAP　SAP 公司是全球领先的业务流程管理软件供应商之一，致力于开发先进的解决方案，帮助企业高效处理整个企业范围内的数据，实现无缝衔接的信息流。公司成立于 1972 年，最初称为 System Analysis Program Development（Systemanalyse Programmentwicklung），后来采用缩写 SAP。SAP 最初推出的产品是 SAP R/2 和 SAP R/3，这两款产品建立了 ERP 软件的全球标准。现在 SAP S/4HANA 将 ERP 软件提升到了一个新的高度，SAP S/4HANA 采用强大的内存计算技术，能够处理海量数据，并支持人工智能（AI）和机器学习等先进技术。SAP 还推出了智慧企业套件，基于完全数字化的平台集成各种应用，将企业的各个业务领域连接起来，取代由流程驱动的传统平台。目前，SAP 拥有超过 2.3 亿云用户，提供上百款解决方案，覆盖所有业务职能，并且还拥有市场上最全面的云产品组合。

第 6 章

SIMATIC IT 解决方案

6.1 SIMATIC IT 模式

对于当今的制造公司来说，必须不断地提高竞争能力。制造执行系统是所有组件集成质量的关键性保证因素，可以确保所有设备实现最优的质量和生产效率。对于制造业所面临的此类挑战，西门子是首批全面洞悉者之一，并为此提出了 SIMATIC IT 解决方案。SIMATIC IT 模式如图 6-1 所示。

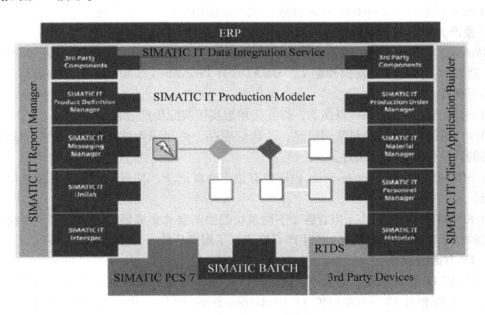

图 6-1　SIMATIC IT 模式

SIMATIC IT 是一个高度集成的组件集合，专门针对各个工厂内部系统的集成而设计，可以标准化整个企业的生产活动，并可以保证制造流程与供应链活动始终保持一致。

SIMATIC IT 提供了一种高层次的架构-理念环境，可以实现制造过程和操作流程的描述并完成各个组件功能的同步与协调功能。这些功能可以正确地完成生产管理所需活动，如订单管理、物料管理、关键性能指标计算等。

西门子还开发了 SIMATIC IT Production Suite（SIMATIC IT 生产套件），以提供跨行业功能。借助分层库，SIMATIC IT Production Suite 所定义的对象的专业化程度越来越高，以满足特定工业领域的需求。

西门子的专业开发团队提供了预构建对象和实例，可随时用于实际项目。它们可以原封不动地使用，也可以进行少量修改，以适应特定环境。这些预构建对象构成了 SIMATIC IT 跨行业库的组成部分之一。

1. 业务方面的益处

SIMATIC IT Production Suite 破除了业务物料系统（典型的为 ERP）和控制系统之间的壁垒，为整个供应链的效率提升创建了条件。SIMATIC IT 独树一帜的方法，实现了制造系统本质上的灵活性，据此，用户可以方便地调整和更改业务流程，以适应新的需求和业务营销模式。

1）借助 SIMATIC IT Production Suite，制造商可以建立自己的业务模型，以更好地面向客户并满足市场突发性需求。

2）SIMATIC IT Production Suite 的设计，还有利于实现跨多个工厂应用，因此在多生产现场环境下具备极佳的成本效率。

3）SIMATIC IT Production Suite 能够高效地帮助用户遵守现有法规。

2. 生产方面的益处

SIMATIC IT Production Suite 提供了一个模块集合，可以解决任何制造环境的 MES 核心需求。通过对生产过程的建模和定义，SIMATIC IT Production Suite 可以有效地提高整个生产过程的可见性。

1）物料的跟踪和追踪可以组态，以完美地忠实于实际生产过程。

2）可以获得详尽的物料使用信息，为降低库存、更加深入地分析生产成本和高效地管理废品的返工件等创立了条件。

3）SIMATIC IT Production Suite 内还建有整个物料记录，具有无论是前向还是后向的重构功能。

4）SIMATIC IT 架构，充当着各个不同系统的协调器和集成器，其中每一个系统都负责它自己的特定领域，因而总体上为生产系统提供了附加价值。

3. IT 方面的益处

SIMATIC IT 的基本方法为业务规则的图形化建模提供了可能性，据此可以描述各种软件组件之间的和外部至 SIMATIC IT Production Suite 组件集之间的交互和预期信息流。SIMATIC IT 的库、类和继承机制，为方便地设计和重用 SIMATIC IT Production Suite 的应用程序创造了条件。

1）借助 SIMATIC IT Production Suite，用户可以集中于过程问题，而不是 IT 问题。

2）与标准 MES 实施的开发相类似，SIMATIC IT Production Suite 完全隐藏了技术细节，极大地降低了技术难度。

3）对维护和应用进行更改的成本也急剧下降。

4）西门子的合作伙伴可以创建自己的 SIMATIC IT 库，按这种方式编码实现他们自己的专业知识，使它们可以方便地重用，因而可以显著地缩短 MES 项目的平均开发时间。

6.2 全面集成

西门子致力于为其用户提供从现场设备至 MES 的完整的解决方案。

这就是部分的全集成自动化（TIA）概念。西门子的独特性就在于，它可以满足制造业市场方方面面的自动化需求。该方案本质上的集成特性还具有实用、合理的优点。

如此完整的全集成产品系列可以使实施更加快速、工程组态更加有效，为公司工作流程实现更高的生产效率创立了条件。

在全集成自动化中，西门子的策略是让 SIMATIC IT 充当 MES 的角色。与此同时，SIMATIC IT 还保持集成第三方软件和组件的能力，因此 SIMATIC IT 是 TIA 概念的一个有效组成部分。SIMATIC IT 在全集成中的定位如图 6-2 所示。

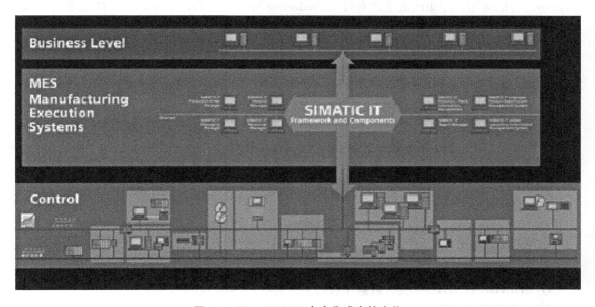

图 6-2 SIMATIC IT 在全集成中的定位

按照这种方式，SIMATIC IT 可以从与其他西门子产品的集成中获益，可以装配丰富的、瞬即可用、无需另外工程组态的已组态对象，因此保证了项目的快速实施和整个制造系统本质上的集成能力。

6.3 总体架构

SIMATIC IT 是西门子公司构建企业生产信息系统的通用平台。该平台基于 ANSI/ISA

S95 标准开发。S95 标准由美国国家标准学会监督并保证其过程是正确的，它定义了通用的模型和相应术语，为使生产信息系统能够更好地与企业的其他业务系统协同工作提供了有益的参考。

前面所提出的系统核心即所谓的 SIMATIC IT Production Suite。它是由设计、制造和维护制造执行系统的有关组件所组成的一个集合。

SIMATIC IT Production Suite 由 SIMATIC IT 框架和 SIMATIC IT 组件构成，具体介绍如下。

1）SIMATIC IT 框架是一种建模环境，借助该环境，可以采用图形方式组合属于各种不同 SIMATIC IT 组件的功能，以显式地定义执行逻辑（显式规则法）。SIMATIC IT 框架是根据物理对象（实际的装置和设备）和逻辑对象（软件包和应用程序）来创建工厂模型的环境。执行逻辑显式定义完成工厂模型中已定义对象之间相互作用的定义，即人们所说的生产作业。

2）SIMATIC IT 组件提供基本的、受担保的功能。每个组件均解决特定的制造问题（如订单管理、物料管理、人力资源管理等）。

SIMATIC IT Production Suite 还可以提供第三方组件和存续应用的集成能力。通常，可以将现场已有的应用程序集成进生产套件（Production Suite），以按照 SIMATIC IT 框架中所定义的逻辑对它们进行协同和调用。以这种方式，第三方组件和存续应用就可以与 SIMATIC IT 组件视若同出，并按照相同的方式处理。SIMATIC IT 框架可以完成整个过程和所有相关应用程序的协同处理。其结果是高效地完成了各个不同系统的集成，并极大地提高了生产制造系统的效率。

在实际应用中使用 SIMATIC IT 框架和 SIMATIC IT 组件，其工作可以分为三个部分：建模，工程组态，执行。

SIMATIC IT Production Suite 提供的组件包括以下几种。

1）SIMATIC IT Framework：框架。

2）SIMATIC IT POM：工单管理。

3）SIMATIC IT MM：物料管理。

4）SIMATIC IT Personnel Manager：人员管理。

5）SIMATIC IT Messaging Manager：消息管理。

6）SIMATIC IT Historian：历史数据管理，包含如下主要组件。

① SIMATIC IT RTDS：实时数据库管理。

② SIMATIC IT PDA：工厂数据归档。

③ SIMATIC IT PPA：工厂数据分析。

④ SIMATIC IT Downtime Manager：停机管理。

7）SIMATIC IT PDef M：产品规范管理。

8）SIMATIC IT Report Manager：报告管理。

9）SIMATIC IT DIS：数据集成服务。

10）SIMATIC IT CAB：客户端应用构建器。

SIMATIC IT 平台的总体架构如图 6-3 所示。

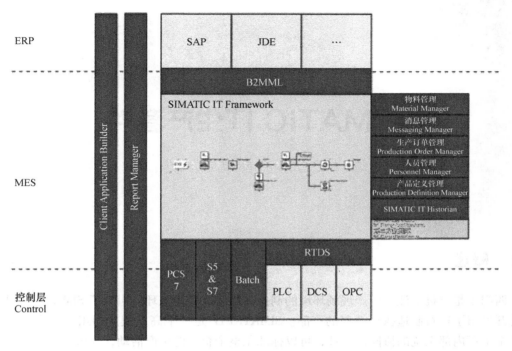

图 6-3　SIMATIC IT 总体架构

第 7 章

SIMATIC IT生产套件

7.1 概述

西门子是首批关注多生产现场环境的制造商之一，它为该环境引入了 SIMATIC IT 技术，并公开发布了针对制造执行管理的产品。SIMATIC IT 是一个高度集成的组件集合，专门针对各个工厂内部系统的协同而设计，可以标准化整个企业的生产活动，并可以保证制造流程与供应链活动始终保持一致。

SIMATIC IT 提供了一种高层次的架构-理念环境，借助各个组件功能的同步与协调，可以实现制造过程和操作流程的描述。这些功能将可以合适地完成生产管理所需活动，如订单管理、物料管理、关键性能指标计算等。

7.2 建模

建模阶段的主要任务是全面地了解应用、范围和需求，即工厂是如何组织的，在工厂中有哪些不同的生产对象，这些对象分别完成哪些任务，生产对象是否已经按类组织，等等。一个常用的方法是，首先对工厂内的物理和逻辑对象进行建模，接下来定义这些对象和生产作业之间的交互。建模训练可以在 SIMATIC IT 产品建模器和 SIMATIC 产品定义管理器中完成。

7.3 工程组态

在项目的建模阶段，无需与方法的实际实施有关的知识，只需了解各个方法所表示的功能即可，无须考虑它们是否已经实现或者它们仍然有待于实现。关于这一点，无论是物理对象还是逻辑对象，都是一样的。

在项目的组态设计阶段，必须决定如何实现每个方法，因此需要详尽地了解与实施有关的细节。实施的保证主要有以下三种方法：

1）借助 SIMATIC IT 组件的使用。

2）借助第三方组件的使用。

3）借助已有应用程序的使用。

如果已经发现 SIMATIC IT 生产套件的某个方法与某个 SIMATIC IT 组件的功能一致，则对 SIMATIC IT 生产建模器进行组态，使它可以调用该组件的特定功能就可以了。如此，该功能的具体实施就可以由这个 SIMATIC IT 组件来完成。

有时候，现有的、处于良好工作状态的当前应用程序或第三方组件早已具备所需的功能。这种情况下，必须对它进行调整，使它可以与 SIMATIC IT 框架进行交互。完成该过程最常用的方法是借助组件对象模型（Component Object Model，COM）技术。如果已有应用或第三方组件不是基于 COM 技术，则常用的解决方法是使用诸如 Visual Basic 等开发的 COM 包装器，对它们进行包装。接下来，必须对 SIMATIC IT 生产建模器进行组态，使它可以与已完成包装的第三方组件或已有应用程序进行通信。

通过这种方法，SIMATIC IT 组件、已有应用和第三方供应商所提供的第三方组件等都可以与 SIMATIC IT 框架一起使用。工厂模型和生产建模相互独立，并且与实施细节完全无关。使用 SIMATIC IT 组件，可以预先定义至 SIMATIC IT 框架的接口，从而保证了快速、简便的集成。

7.4　执行

完成建模和工程组态这两个阶段以后，无需其他操作就可执行该项目。SIMATIC IT 生产建模器不仅仅是一个功能强大的工程组态环境，借助它还可以执行生产作业，并对它们的状态进行实时监控。

由于执行使用了颜色进行编码，所以可以极其方便地跟踪执行的进展过程。如果某个生产作业、某个过程段或者它们的某一部分变为绿色，则表示已经成功地完成执行；若为红色，则表示出现了故障；棕色表明生产作业或部分生产作业，或者过程段处于暂停模式；黄色则表明正处于执行之中。

可以对 SIMATIC IT 建模器进行组态，以执行已归档的生产作业。在必须进行分析时，这一功能尤其有用。对于执行期间出现的任何问题，工作人员都可以据此进行深入的分析，以排除故障。生产作业的每一步都会根据其执行结果采用相应的颜色进行着色，同时也显示输入和输出参数，以方便调试。

7.5　SIMATIC IT 框架

1. SIMATIC IT 生产建模器

核心组件是 SIMATIC IT 生产建模器。它是一个面向对象的图形化工具，用户可以使用它跟踪 MES 项目的整个生命周期（从设计到调试阶段），与此同时，其组件还可以提供制造过程运行所必需的全部基本功能，并最终满足特定的需求。

SIMATIC IT 生产建模器（图7-1）提供了一个建模环境，在该环境中 SIMATIC IT 组件所提供的各种功能都可以使用图形方式进行组合，以定义表示操作流程的执行逻辑。这些逻辑称之为生产作业，并具备规则形态（工作流），此处每一步都表示执行某个组件所提供的某个功能。

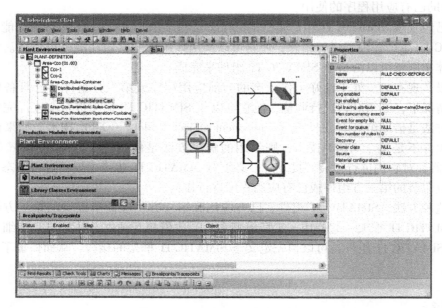

图 7-1　SIMATIC IT 生产建模器

SIMATIC IT 生产建模器所提供的建模环境还可以用来构建工厂模型，它对各种工厂行为的定义必不可少。

2. 工厂模型

工厂模型描述各种元素，这些元素彼此协作，以实现制造目标。尤其是这中间的物理元素和逻辑元素。物理元素即制造周期中真正被使用的那些元素，并且代表着生产车间，如反应器、搅拌器、包装生产线，或者更为复杂的，如总装线、连续铸造机等。在工厂模型中，这些模型的描述都是通过其技术接口，如可编程序逻辑控制器（PLC）、数字交叉连接系统（Digital Crossconnected System，DCS）、HMI、SCADA 等来完成的。逻辑元素是彼此合作，共同实现制造周期的所有软件组件，它们的目标是致力于必要的信息管理，以跟踪和管理整个生产过程。逻辑元素可以是实验室信息管理系统、物料管理器、算法模型、图形接口或者订单管理器等。

3. 执行模型

正确地定义了工厂模型以后，接下来，必须对工厂行为进行描述。从某种意义来说，必须对模型元素（物理的和逻辑的）的功能进行同步和协同处理，以支持代表工厂日常操作的操作流程。SIMATIC IT 通过组件提供标准的功能，物料管理（记录、跟踪和追踪等）、订单管理（订单定序、分派等）和数据分析（关键绩效指标建模和计算等）都是这些组件的一些示例。SIMATIC IT 生产执行模型如图 7-2 所示。

借助这些功能组合，可以定义生产作业。生产作业可以显式地代表驱动组件功能的工作流程，因此它们是真正的应用程序。生产作业采用图形方式完成建模。它通过对组件所执行的合适功能的调用操作，对活动进行排序，并且每一步生产作业都会调用每一种功能。

按这种方法，可以对制造活动进行明确的定义和排序，并将复杂性问题安排在该层解决，与此同时还保持了组件的通用性和简单性。

4. Windows 用户界面

现在生产建模器（PM）具有 Windows 用户界面（图 7-3），借助 MS Visual Studio 方式，用户对它们的使用更加方便。用户还可以使用大量的新工具，例如，库依赖性、扩展查找、性能评测工具所用的图、XML 和结构编辑器等，对工厂和库的导航功能着重进行强化处理。

5. 已编译规则

在 SIMATIC IT 中，为了满足执行性能的不同要求，生产建模器实现了"编译规则"的支持。这种类型的规则，在必须同时快速地执行大量规则的应用程序中，可以加速规则的执行。用户可以根据应用的需求，挑选需进行编译处理的规则。生产建模器的用户界面已经进行了扩展处理，可以支持规则编译及已编译规则的执行控制。

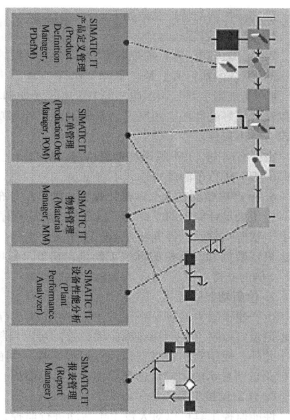

图 7-2　SIMATIC IT 生产执行模型

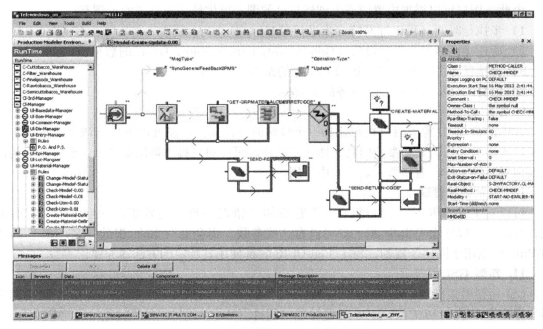

图 7-3　生产建模器 Windows 用户界面

已编译规则的特性总结如下：

1）规则可以逐条编译。

2）已编译和已解释的规则可以自由地组合。

3）默认的执行方法是"解释"执行。

4）当规则主要是调用内部的 PM 功能（如脚本调用器、对象查找器等）时，借助规则可以获得更好的性能。相反，如果规则调用外部功能（如调用 SIMATIC IT 组件），则性能并没有突出表现。

在运行时刻，PM 编译规则的执行，从逻辑上看，与"私有规则"的执行相类似，私有规则的细节进行了隐藏处理，不可见。

6. 生产建模器在多处理器计算机内的工厂分布化

为了满足性能上的需要，可以将整个应用程序拆分为生产建模器的不同实例，在早期版本上，这些实例就已经能够在不同计算机上执行。为了充分利用多处理器计算机体系结构，减少机器数据和计算机的维护工作量，在 SIMATIC IT 6.3 中实现了在单台机器上运行多个 PM 实例的支持。

7. 诊断功能的强化

生产建模器为需要跟踪和调试应用逻辑的执行工程师提供了相应的支持功能，借助应用日志记录（CSV 文件写操作或应用日志）可以判断潜在的问题。

此外，使用新的跟踪点特性也可以跟踪规则的执行。基本上，由早期的"显示执行日志"菜单所显示的同样信息都会发送至消息面板，并写入 CSV 日志文件。

8. 性能监控工具

性能监控工具可以对大量 PM 活动进行监控，以识别出应用程序的临界点，消除瓶颈，优化规则调用的层次结构。性能监控工具如图 7-4 所示。

由此，用户可以添加内置图或者创建自己的图。可供使用内置图的示例有：

1）步执行时间（可以针对特定步进行组态）。

2）所连接网络安全基础设施（Grid Security Infrastructure，GSI）的数量。

3）直接任务的个数（可以指示 GSI 池的组态正确性）。

4）已打开/已交付/已回滚事务的个数。

9. 定制功能

在库的常规-工具-文件夹内可添加一个特殊的文件夹。功能可以添加至该文件夹内，以指定输入参数和作为返回参数的功能体。定制功能可以通过脚本调用器激活，也可以像其他任何内置功能一样，直接放入表达式中使用。

10. 规则错误管理

可以对 End-of-Rule 步进行组态，为它添加"错误参数"内置集。一旦添加了这些参数，它们就可以导出至 Rule 根，如果没有这些参数，则会更改 Rule 根的签名。多个 End-Of-Rule 可以用于同一个规则，每个 End-Of-Rule 都使用其特定的方法填充错误参数。

11. 新型 GSI 桥接器

GSI 桥接器集已经进行了扩展，包括以下内容：产品定义管理（PDefM）、生产细化调度器（PDS）、班次日历工具、业务流程管理中间件（Business Process Management Middleware，BPM）、统计过程控制（SPC）、全局设备效率（Overall Equipment Effectiveness，OEE）。

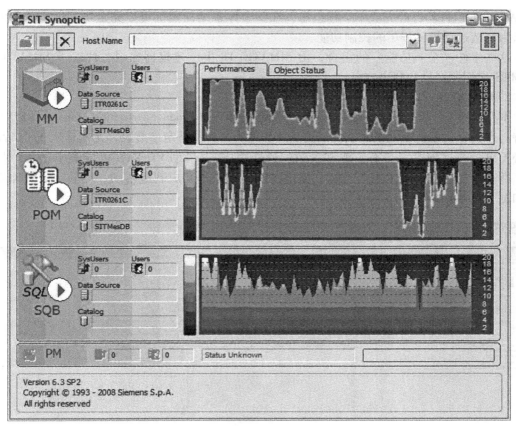

图 7-4　性能监控工具

12. 客户端应用构建器（CAB）连接池

在 CAB 中，既保证了可扩展性，同时也兼顾频繁地创建和取消 PM 连接将会使性能劣化等因素。

通过 CAB PM 多重连接器实现了对"连接池"技术的支持，可以更好地控制 PM 资源管理，并降低了对可扩展性的影响。

该功能的实现旨在减小创建和连接至 PM 的代价。

7. 6　SIMATIC IT 组件

组件的设计是为了实现工厂元素状态更新、历史记录更新、物料转换、订单更新等功能。因此，每个组件都专门负责完成某些特定的功能。例如，用于物料处理的组件，就提供与物料管理，包括物料清单的物料主数据定义（也可以从 ERP 系统中导入）等有关的功能。该组件也处理整个制造作业中的物料转换，例如，在食品厂中，各种组成成分进行混合，以获得终产品。因此，它可以构建产品的完整记录。

该组件即 SIMATIC IT 物料管理器，对于其他的功能，如订单管理、人力资源管理、生产定义管理和关键性能指标计算等，也可以使用类似的方法。对生产作业（处理特定制造作业工作流程）进行建模，意味着对不同组件的功能进行定位，以实现特定的制造目标。

SIMATIC IT 组件均已经完成了工程组态，在整个体系结构内部可以完全协调地工作，因而可以为制造过程提供详尽的控制功能。

这些组件（及其功能）的组合，由 SIMATIC IT 生产建模器完成，代表了 SIMATIC IT 为 MES 应用所提供的解决方案。

1. SIMATIC IT 产品定义管理

平台对应于产品定义管理的需求，产品定义管理（Product Definition Manager，PDefM）支持与产品有关的所有定义。它可以为生产作业定义产品特定参数表，尤其是定义了产品加工必不可少的过程段（带有资源和参数的操作顺序）。借助 PDefM，可以集中定义产品规范，所有的组件（尤其是生产建模）都可以使用它们来完成制造活动。产品定义管理界面图如图 7-5 所示。

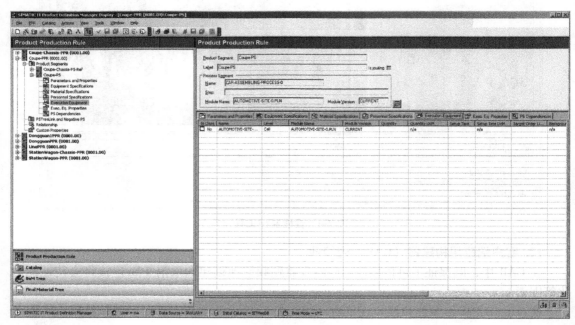

图7-5 产品定义管理界面图

2. SIMATIC IT 工单管理

SIMATIC IT 工单管理（Production Order Manager，POM）对应于生产调度的需求，与生产执行和生产数据收集配合工作。POM 可以与 ERP 系统进行交互，以导入订单规划信息，并完成与订单执行有关的所有功能，尤其是对主订单数据（自 ERP 中导入）进行定制，以跟踪与订单有关的执行信息。除此之外，它还负责处理生产订单的分派、订单状态的更新和跟踪，以及历史数据库的更新等。图 7-6 所示为工单管理示例界面图。

3. SIMATIC IT 物料管理

SIMATIC IT 物料管理（Material Manager，MM）与生产跟踪和生产资源管理配合工作。MM 可以与 ERP 系统进行交互，以导入物料主数据，并负责完成面向物料的功能，特别值得一提的是物料主数据的定制可以满足执行需求，并实现跟踪和追踪等。自身所带的后向和前向记录功能可以满足国际法规日益增多的要求，能生成终产品完整的历史记录。此外，它还具有物料定位管理、物料转换、物料可使用性和历史数据库更新等功能。图7-7所示为物料管理界面图。

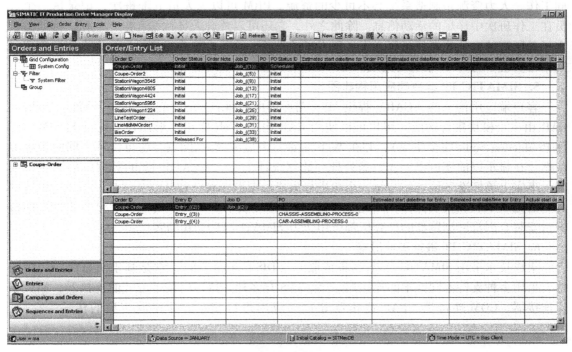

图 7-6　工单管理示例界面图

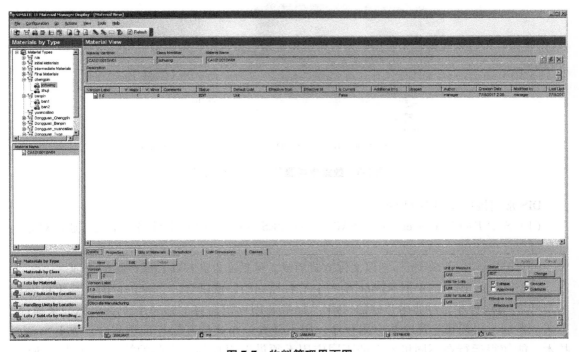

图 7-7　物料管理界面图

4. SIMATIC IT 人力资源管理

人力资源管理（People Relationship Management，PRM）与生产资源管理和生产跟踪协同工作。人力资源是制造系统必不可少的资源。PRM 可以为人员分配班次，记录每一个人员在工作班次中详尽的活动信息。除此之外，它还可以整合人员数据和生产数据。例如，核查任务所需的人员或者记录每个人员负责过的设备，物料批次或者订单等。人力资源管理主数据也实现了与 ERP 系统的集成。

5. SIMATIC IT 客户端应用构建器

客户端应用构建器（CAB）提供 MES 图形用户界面。为此，它参与执行的每一个动作。CAB 由一个模块集合构成，用户可以使用 CAB 构建 Web 应用图形用户界面（与 SIMATIC IT Production Suite 完全集成），并在 Web 浏览器中显示 Web 网页。它可以从不同的源收集数据，在显示以前还可以完成数据处理和数据统计工作。SIMATIC IT 的数据本质上是集成的，事实上该标准环境可以与每一个源进行集成。图形化控件和其他文件都可以通过因特网浏览器完成下载和安装操作，因此 CAB 具有零管理成本（ZAC）功能，所以企业内网中每一台安装有因特网浏览器的计算机都可用作为 SIMATIC IT CAB 的客户端。

6. SIMATIC IT 数据集成服务

集成技术采用 SIMATIC IT 数据集成服务（DIS）（图 7-8），它是基于消息的应用中间件，采用多种支持不同技术的连接器（注：DIS 有多种支持不同技术方式的连接器，如数据库连接器、COM 连接器、SAP 连接器等）与应用进行交互，并完成信息的传输、存储、分发。

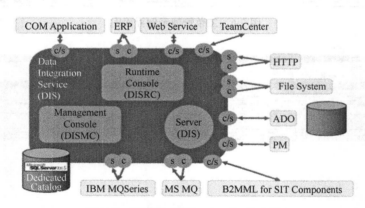

图 7-8　数据集成服务（DIS）示意图

DIS 常用接口如图 7-9 所示。

（1）SAP IDOC Connect　它以 SAP 和 SIT MES 专用的 IDOC 文件格式集成，通过双方共同认可。

（2）Files Client/Server　它以文件方式集成，包括文件客户端和服务端的管理。

（3）Web Service　Web Service 是一个平台独立的、低耦合的、自包含的、基于可编程的 Web 的应用程序，可使用开放的 XML（标准通用标记语言下的一个子集）标准来描述、发布、发现、协调和配置这些应用程序，用于开发分布式的互操作应用程序。Web Service 技术，能使得运行在不同机器上的不同应用无须借助附加的、专门的第三方软件或硬件，就可以相互交换数据或集成。使用 Web Service 规范的应用之间，无论它们所使用的语言、平台或内部协议是什么，都可以相互交换数据。Web Service 是自描述、自包含的可用网络模块，可以执行具体的业务功能。Web Service 也很容易部署，因为它们基于一些常规的产业标准及已有的一些技术，诸如标准通用标记语言下的子集 XML、HTTP。Web Service 减少了应用接口的花费，为整个企业甚至多个组织之间的业务流程的集成提供了一个通用机制。

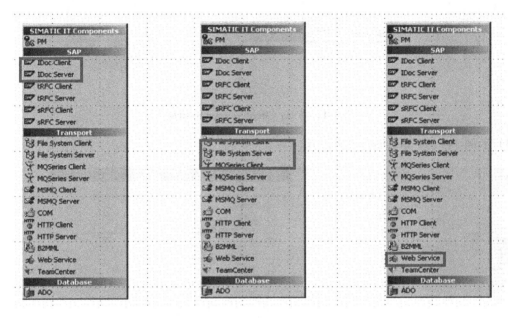

图 7-9　DIS 常用接口

1）示例 1：SAP IDOC Connect，如图 7-10 所示。

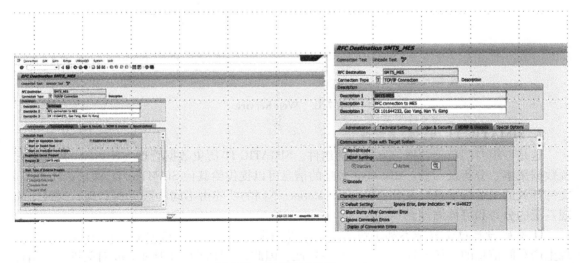

图 7-10　SAP IDOC Connect

2）示例2：Files Client/Server System，如图 7-11 所示。

Files Server：解析指定文件夹中XML文件，并通过PM存储到对应的数据库中。

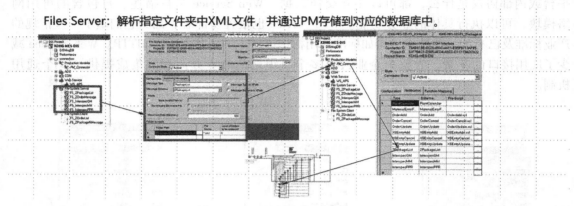

图 7-11　Files Client/Server System

3）示例3：Web Service，如图 7-12 所示。

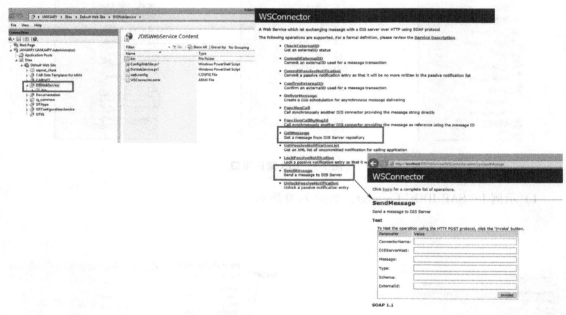

图 7-12　Web Service

7. SIMATIC IT 历史数据管理

这是一组专门负责数据信息管理的组件。SIMATIC IT 历史数据管理（Historian）负责过程数据采集、分析及归档。Historian 采集的信息可以提供给其他 SIAMTIC IT 模块；Historian 支持开放的工业标准接口（如 OPC）；Historian 不同的功能由不同的服务器实现，这便于实现系统的分布和可伸缩性。

IT 基础设施过于复杂不利于快速、一致性地发布信息。SIMATIC IT Historian 致力于实现生产车间信息的可访问性、针对性和一致性。因此，SIMATIC IT Historian 对关键性能指标（KPI）的计算、异源数据的统计等功能实现了支持，与此同时，也充分利用了组态的用户算法。SIMATIC IT Historian 使机构的每一位用户都可以获得从生产车间各个区域收集的统计信息，它完全支持审计跟踪 21 CFR Part 11 和归档数据电子签名。

SIMATIC IT Historian 本身具有按时间方法进行数据分析的组件。SIMATIC IT Historian 是对全集成自动化（TIA）的补充。全集成自动化是西门子过程控制的一个宽域分布式体系结构和理念，尤其是与 SIMATIC WinCC 和 SIMATIC BATCH 配合使用，可以提供完整的 EBR、报表输出和控制配方管理功能。

8. SIMATIC IT 实时数据服务器

SIMATIC IT 实时数据库（RTDS）是一个可连接多个现场设备的数据服务器。它提供数据给 SIMATIC IT Historian 和其他 SIMATIC IT 模块。实时数据服务器支持 OPC 标准。

9. SIMATIC IT 工厂数据归档

SIMATIC IT 工厂数据归档（PDA）以文件的形式，对实时数据按照时间戳来组织。为了实现对原始实时数据的长时间存储，组件提供了科学的压缩算法，使得原本需要占用几个 GB 磁盘空间的实时过程数据，经过压缩处理后仅需要几十 KB 的空间即可，大大节省了 IT 存储投资和管理维护的成本。

10. SIMATIC IT 工厂绩效分析

SIMATIC IT 工厂绩效分析模块（PPA）是 Historian 的一个组件，用于对数据进行分析和长期归档。

它与生产数据收集和生产绩效分析的要求相对应，与生产跟踪配合工作。PPA 可以基于时间或者事件，从各种不同的来源收集生产数据。它可以对多个数据进行计算，将计算结果放入生产事件（如生产作业、过程段或批处理、创建和维护固定的数据关系）及其相关的生产环境中进行评估。根据用户角色的不同和对区域、工厂或者现场级需求的满足方式的不同，在上下文中的评估可能也不同。此外，PPA 也完全符合 21 CFR Part 11 的要求。

11. 实际项目中和其他系统最常用的集成方式

在实际项目中，Web Service 集成、DBLink 和 Socket 通信是最常见的 3 种形式（图 7-13~图 7-15）。

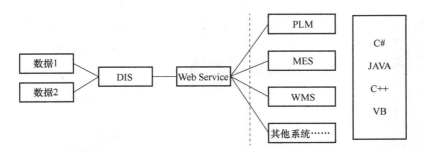

图 7-13　Web Service 集成

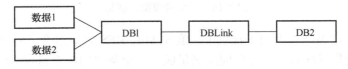

图 7-14　DBLink

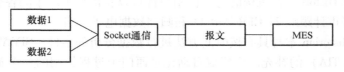

图 7-15　Socket 通信

在与 PLM、WMS、ERP 等系统集成过程中，大多数情况均使用 Web Service，这种类型的接口屏蔽了外部系统的语言，各个系统之间实现了数据的互访。这种方式多是异步传输，通常不涉及实时的访问。

如果系统之间的数据库是同质的，例如，MES 和 WMS 的数据库均是 SQL Server，那么也可以采用 DBLink 的方式进行数据互访，这种方式适合大批量数据的高效传递，但必须保证数据库是同质的。

如果一个企业的自动化水平较高，MES 与底层通信很可能是用 Socket 通信的形式，这种方式适合 MES 与底层的高速通信，数据的高效互访。但数据量有限制，因为涉及底层 PLC 的容量大小。

7.7　数据管理架构的优势

SIEMENS INDUSTRY SOFTWARE 可提供业界最为完整的解决方案，包括产品全生命周期管理（PLM）系统——Teamcenter（包括数字化产品开发软件——NX，电子设计自动化软件——Mentor，数字化产品生命周期管理软件——Teamcenter，数字化制造系统软件——Tecnomatix）；MES——SIMATIC IT 等开箱即用软件产品，物联网操作系统——Mindsphere，全集成自动化——TIA。数据管理架构优势如图 7-16 所示。

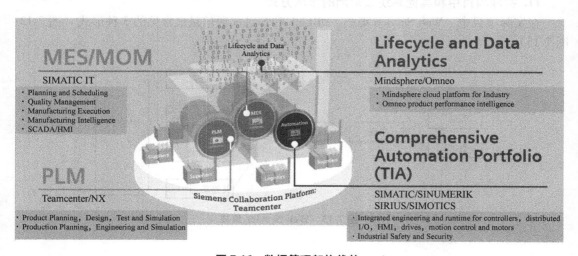

图 7-16　数据管理架构优势

（1）SIMATIC IT MES　西门子提供的一套全面的 MES 方案组合，解决可追溯性、生产控制和企业级系统集成问题，以确保同时满足成本与交货周期两个目标。软件语言和结构等都基于国际通用企业信息交换标准 ISA-95。

MES＝生产控制＋可追溯性＋企业级集成；SIMATIC IT MES 行业解决方案是一套模块化、基于 Web 的解决方案，只需最低的安装配置，并可在短期内得以实施。作为一套集成、但可扩展的解决方案，西门子的 SIMATIC IT MES 行业解决方案可以在给定的时间里以不同的步骤实施。在技术、实施经验和行业 MES 安装数量方面，暂时没有其他方案提供商能够与此方案相提并论。

（2）完整的 MES 解决方案　在今天的生产环境中，需要实时解决的管理问题数量大大增加，从而促进了 MES 从最初提供质量保证发展到覆盖车间管理中的几乎每一个问题。更短的产品生命周期增加了制造车间的在制品数量，因此更加需要实施严格的车间控制，因为传统的数据收集和监视方式已经不能处理今天的生产需求。

此外，在当今竞争异常激烈的环境中，制造商需要提升产品性能，做出依据数据的决策并确保按照计划执行流程。为了满足当今制造环境的流动性，MES 需要成为一套可追溯、生产控制和企业级系统集成于一体的融合方案。

1）可追溯性通过在生产过程中的实时数据收集，以及强大的报告功能来追溯产品和过程信息。

2）生产控制通过在系统中加入各种制造规则，并在执行过程中实时校验工艺流程，从而可以实时减少差错，并改进关键绩效指标（KPI）。

3）企业级系统集成通过标准应用程序接口，提供车间级信息、某个工厂信息或整个供应链信息与其他系统的共享。

7.7.1　SIMATIC IT 的高可用配置拓扑

为了确保 MES 系统能够进行 7×24 小时的稳定可靠运行，系统提供了多种数据可靠性保障措施，包括服务器集群和热备、多种数据库备份与存储技术，如双机热备、集群、RAID、数据迁移等。系统可通过系统配置或服务器扩展等技术，无须宕机或重新部署，以确保系统顺利过渡及性能稳定。在服务器宕机或网络中断等情况下，系统支持现场脱机使用，待故障排除后可自动上传数据，保证数据的连续性和完整性。

（1）双机热备　采用互为备份的两台服务器共同执行同一服务，其中一台主机为工作机（Primary Server），另一台主机为备份机（Standby Server）。在系统正常情况下，工作机为应用系统提供服务，备份机监视工作机的运行情况（工作机同时也在检测备份机是否正常运行）；当工作机出现异常，不能支持应用系统运营时，备份机主动接管工作机的工作，继续支持关键应用服务，保证系统不间断地运行。

实时数据库的双机热备的具体工作模式是：主从站服务器通过软件对网络及服务进行配置后，主站服务器上的服务组件就作为当前服务进行工作，如实时数据采集、归档，这时从站服务器一直监视主站服务器的状态，并实时进行数据同步。一旦出现网络故障，则网络备份将接管通信任务。如果是特殊原因导致主站服务器出现宕机或者个别服务组件异常，那么从站服务器或从站服务器上的服务组件就进入正常工作状态，升级为主站服务器或接管其上的服务组件继续工作。这种热备模式能够很好地保证实时数据采集的可靠性，如图 7-17 所示。

（2）冷备应急　将运行稳定的系统制作成虚拟机并备份在一台实时运行的服务器中，

该服务器不接入网络，当运行系统出现故障时，立即将原系统所接的网络接入冷备系统中，达到用最短时间恢复故障的效果。

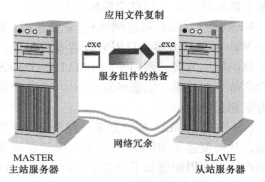

（3）服务器集群　SIMATIC IT 产品平台可以提供对集群技术的支持。对于业务数据库服务器和 MES 建模服务器，可以采用基于 Windows Server 2008 企业版的集群服务（MSCS）来实现，并保证系统的持续稳定运行。

图 7-17　实时数据库双机热备

（4）MSCS 集群技术　通过集群技术连接的多个计算机，每台计算机都具有独立的故障状态。为了实现冗余，需要在集群中的多个服务器上安装应用程序。但在任一时刻，应用程序只在一个节点上处于联机状态。当该应用程序出现故障或该服务器停机时，此应用程序将在另一个节点上重新启动。Windows MCSC 集群服务如图 7-18 所示。

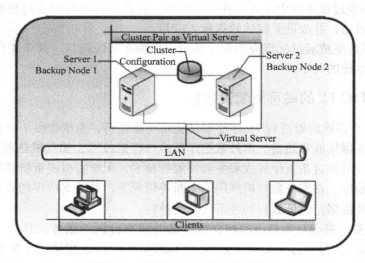

图 7-18　Windows MCSC 集群服务

每个节点都具有自己的内存、系统软盘、操作系统和集群资源的子集。如果某一节点出现故障，另一个节点将接管故障节点的资源（此过程称为"故障转移"）。然后，Microsoft 集群服务将在新节点上注册资源的网络地址，以便将客户端流量路由至当前拥有该资源的可用系统。当故障资源恢复联机状态时，MSCS 可配置为适当地重新分配资源和客户端请求（此过程称为"故障恢复"）。

（5）生产建模服务器集群　对于并不保存在关系型数据库中的配置数据，如 PM 模型相关的 KB 文件，将存储在相关服务器的文件系统中。为此采用数据分布式部署的方式，将相同的配置文件分别存储在集群系统中的每个节点上。MES 建模服务器集群如图 7-19 所示。

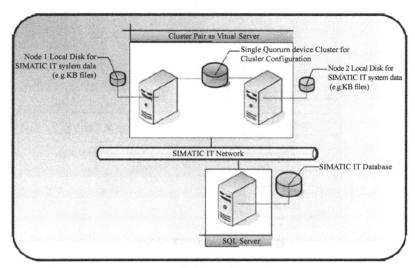

图 7-19　MES 建模服务器集群

（6）集群服务器运行监视　SIMATIC IT 提供系统运行监视工具管理服务器机群的运行状态。通过该工具，可以对 SIMATIC IT 网络中所有产品组件的启动运行状态进行监视，如图 7-20 所示。

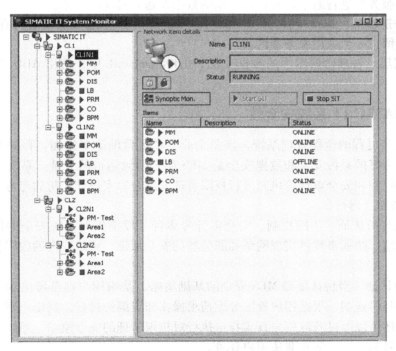

图 7-20　SIMATIC IT 系统运行监视界面

7.7.2　SIMATIC IT 的 Web Service

SIMATIC IT 服务图如图 7-21 所示。

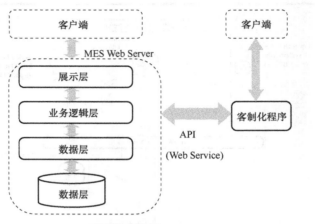

图 7-21　SIMATIC IT 服务图

（1）客户端层　在用户的客户端计算机上呈现 Web 页面。数据显示并允许用户输入数据。应使用 ActiveX 控件的 Internet 浏览器。

（2）展示层　生成网页，包括在 Web 页中的动态内容。解析 Web 页面从客户端得到的用户定义数据，并将该数据传递到业务逻辑层。展示层驻留于一个 Web 服务器。Web 服务器和应用程序服务器进行通信，并将客户端的数据发送到对应的服务。

（3）业务逻辑层　执行所有的计算和验证，管理流程，并管理展示层所有的数据访问。业务逻辑层驻留在一个应用服务器内。

（4）数据层　管理数据库中的数据。在 . NET Framework 中，使用 ADO. NET 进行数据交换。

7.7.3　SIMATIC IT 系统安全性

MES 是生产过程的全程管理系统，涉及企业生产运营的诸多方面，存储大量生产业务数据。因此，良好的系统安全和数据安全是 MES 稳定持续运行的关键。系统采用有效的身份鉴别、访问控制和安全审计等机制进行权限管理，结合容灾设计和防病毒方面的考虑，从而保证 MES 的安全运行。

MES 通过身份认证、访问控制、安全审计等多种手段提供对系统安全的保证，通过网络隔离、防火墙、防病毒软件实现网络和服务器的安全保证。系统安全的权限管理如图 7-22 所示。

（1）身份认证　身份认证是 MES 安全的基础策略，是指用户向系统出示身份证明，系统查核用户的身份证明，根据用户权限分配请求操作和资源的过程。身份识别可以防止未经授权的访问，还可以通过获取用户真实身份执行对权限管理的安全策略，系统中每个用户均拥有自己的账号和密码，防止非法用户登录。

西门子 MES 解决数据录入、维护、存储和传输各环节的数据准确性和保密性处理，尤其是利用公网进行系统操作时，必须解决数据加密传输的处理。根据管理职能和角色不同，其功能权限、操作权限和数据权限设置也不尽相同，严格管理权限控制功能。

（2）访问控制　访问控制是 MES 安全的核心策略，它的主要任务是保证网络资源不被

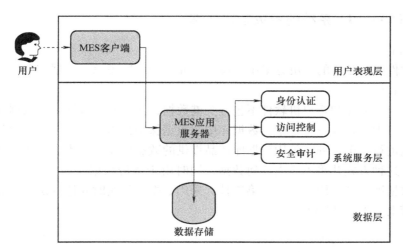

图7-22 系统安全的权限管理

非法使用和访问。访问控制规定了主体对客体访问的限制，并在身份识别的基础上，根据身份对提出资源访问的请求加以控制。

MES的账户权限提供了足够细的分配颗粒度，可以满足MES开发、实施、管理、维护过程中所涉及的所有账户权限划分需求。

MES支持各种类型的访问控制：

1）按组织机构和用户角色划分，如集团、工厂和车间的不同用户。

2）按数据访问权限划分，包括对各级数据的每个数据限定访问控制级别管理，如Free Access、Operate、Tune、Securied Write、Verified Write、Configure、ReadOnly等权限级别的定义。

（3）安全审计 安全审计是MES安全的保证策略，是对系统历史事件、异常信息、用户操作等信息进行记录，并将其作为系统维护及安全防范的依据。

（4）网络和防火墙 MES需要对生产企业所有生产业务数据进行集成，因此MES需要连接各生产工艺的集控系统。由于集控系统用于控制各生产工艺设备的运行，所以集控系统的安全尤为重要。

MES所有的服务器是架设在生产管理办公网中的，而办公网上的部分客户端，个人计算机既可以访问MES又可以直接访问Internet，这样MES及各集控系统的安全就存在一定的隐患。

为了提高系统的安全性，可以对MES中与各集控系统直接连接的实时数据库服务器、与MES直接连接的各集控系统服务器（或工程师站、操作员站）、被客户端直接访问的WEB服务器，进行Windows防火墙的安全策略设置，或者直接加装硬件防火墙，提高MES和各集控系统抗攻击的免疫力。

（5）防病毒软件 虽然防火墙可以提高系统的安全性，但它并不能防止防火墙内部网络的计算机病毒。MES中的计算机均采用Windows平台，为保证生产正常运行，防止由于病毒侵害造成的生产停顿，需要在所有安装Windows操作系统的计算机上安装防病毒软件。建议使用趋势防病毒软件对服务器、客户端计算机进行统一的管理和防护。

7.7.4 SIMATIC IT 系统的容灾容错方案

1. 容灾设计

在应用软件进行备份的解决方案中，应从下面三个层次考虑：数据库引擎、服务器应用程序、客户机软件。

其中用户应用程序和客户机软件不包含关键数据，几乎所有数据都由数据库管理并放置在数据库服务器中。在这三者之中，数据库中的数据保护最为重要。因此，对数据库的保护采用两种方式进行：第一种，采用数据库产品提供的数据库复制技术，将数据实时备份到备份数据中心，这种方式几乎不丢失任何数据，同时由于备份数据库为一个在线的备份中心，可快速地将数据恢复到应用业务中；第二种，采用数据库的实时异地备份，将数据备份到异地软盘或磁带上，如图 7-23 所示。

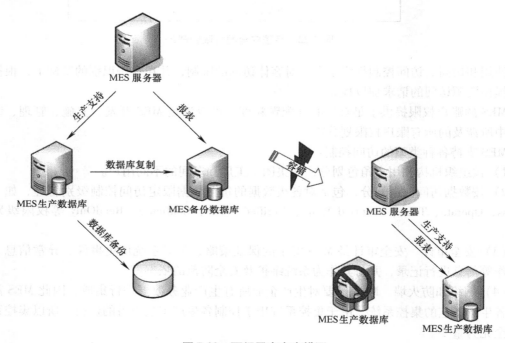

图 7-23　西门子容灾容错图

对于关键的服务器应用程序，可采用以下两种方式实现容灾方案：

1）采用主应用程序服务器和备份的应用程序服务器，在灾难发生时，将按预案手工实现站点接管，从而快速实现系统的恢复，备份服务器同时可作为平衡服务器使用。

2）采用 Microsoft 提供的 MSCS 方案，建立应用服务器的镜像服务器，在灾难发生时，MSCS 将自动切换到镜像服务器。

2. 数据优化与备份

MES 使用的关系型数据库的备份采用本地备份的方法，备份到本地的其他服务器上或磁带机上。备份策略基本逻辑说明如图 7-24 所示。

MES 管理生产执行过程的所有数据，生产现场的数据量大，由于生产实时性的要求，MES 需将历史生产数据定期从生产支持数据库中进行剥离，从而提高系统生产现场的响

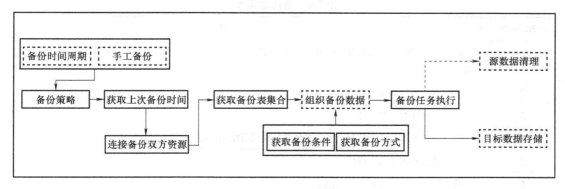

图 7-24 备份策略基本逻辑说明

应速度。由于数据剥离与系统备份（非实时）之间会产生时间差，容易造成剥离数据时丢失所要备份的数据。针对这个问题，MES 的历史数据备份将通过剥离数据的目标数据库进行备份，不采用源数据库备份。即采用剥离、备份两步机制完成，从而保证数据的完整性。

MES 根据数据备份及清理策略的方式，按不同的数据类型，应用不同的数据清理和备份策略，实现具有通用、可扩展的数据剥离机制。剥离策略要素见表 7-1，备份逻辑见表 7-2。

表 7-1 剥离策略要素表

策 略 要 素	要 素 说 明
周期	定义数据剥离或备份的周期，如每周、每天
执行时点	执行备份数据的具体时间，如 24:00
方式	定义具体数据采用剥离、备份的方式如下： 数据剥离：清除现有数据库要剥离的数据，备份到相关介质中 完全备份：数据镜像方式，同步完全备份 差异备份：比较源和目的数据的差异，将源中的差异数据备份到目标中
数据源	定义要进行数据备份的数据源信息，主要包括数据服务器地址信息、数据库连接信息、用户名、密码等，用于连接源数据库；并预留可扩展为设备作为源的接口
备份目标	定义要进行数据备份的目标信息，主要包括数据服务器地址信息、数据库连接信息、用户名、密码等，用于连接源数据库；并预留可扩展为设备备份的接口
备份信息	备份信息是备份对象的核心。很多业务数据以主从结构存储在数据库中，由于关系性数据库存在数据之间的约束及外键约束，为数据备份的完整性和正确性带来了较大的困难。通过建立无意义主键及解除外键约束的表关系可以容易地解决这个问题 备份信息主要由需要备份的业务相关表集合组成。一组表集合代表需同步备份的信息
备份条件	由于业务处理可能跨越时间较长，一组备份信息中只有满足条件的数据才可进行转移或备份。如备份信息工单数据，可能需要工单状态"已完成"或"已关闭"并且满足"已完成"或"已关闭"30 天的数据才可备份转移

表 7-2　备份逻辑表

逻辑步骤	逻辑说明
1	通过驻留在系统内存的备份计划与策略，实时检测备份时间点的到达，当备份时间点到达后启动备份策略
2	获取到达备份周期的备份策略
3	连接目标和源数据存储系统
4	根据备份方式及备份信息、备份条件获取满足策略的数据
5	目标执行数据库插入操作
6	源数据库执行删除操作（可选）
7	更新最后一次备份时间，为下个备份周期提供时间比较基准

7. 7. 5　SIMATIC IT 的企业级系统集成

对于现行业务系统的投资回报而言，企业级集成至关重要。只有当可追溯性和生产控制基础部署到位，并且 MES 开始输入企业关键而准确的实时制造数据，方案按照计划执行时，MES 的真实价值才得以实现。SIMATIC IT 与扩展的企业级应用的关键集成点如图 7-25 所示。

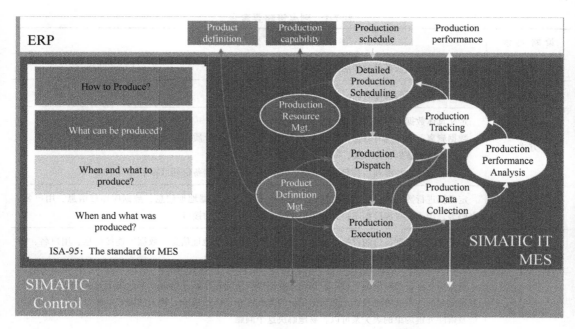

图 7-25　SIMATIC IT 与扩展的企业级应用的关键集成点

丰富的企业级集成经验：

1）SIMATIC IT MES 行业解决方案建立在三层架构模式之上，包含一套可靠的开放式平台，提供一套可配置的专为成品装配行业而建造的模块。

2）持续的 API 开发，允许对丰富的制造数据进行双向访问，包括机器事件、库存、人员和质量信息。

3）SIMATIC IT MES 咨询人员具有独到的行业经验，能够更快地协助客户实现 MES 投资的价值。

SIMATIC IT MES 能补充 ERP/PLM 以实现投资回报。如果没有 MES 补充 ERP/PLM 改进项目，如精益制造、六西格玛和首选供应商计划等，均会大打折扣，并有可能达不到承诺的结果。MES 可以向 ERP/PLM 输入当前库存、在制品和完工产品状况，确保可以放心地使用 ERP/PLM 数据用于决策支持。

其他利益还包括：

1）数据同步无须人工协调工单状况和报废。

2）显著地降低物理存货盘点的频率和相关的停工时间。

3）用一套单一的 MES 处理方式代替车间的人工盘点和数据收集过程。

4）根据需要协调在制品和完工产品，以支持实际的日常生产计划。

7.8　SIMATIC IT 与 ISA-95 应用开发

在实际应用 SIMATIC IT 时，通常可以将工作分为主要的三个部分：建模、开发、执行。

1. 建模

建模阶段，主要的任务是理解应用范围和要求；工厂的结构是怎样的，工厂里有哪些不同的对象，对象执行的任务是什么，对象是否被集合到不同的对象组等。一种常用的方法是从工厂的物理和逻辑对象建模开始，然后定义这些对象与生产操作之间的相互作用。

2. 开发

在建模阶段，不需要知道实际的开发方法，只要知道模型代表什么功能而不必考虑这些功能是否已有或者还有待开发。这一点对于物理的对象和逻辑的对象是同样适用的。

在项目的开发阶段，要求有丰富的开发知识，因为从这个阶段开始就不得不决定如何使用将来要执行的每一个方法。开发可以用以下三种主要的方式来保证：使用 SIMATIC IT 组件、使用第三方组件和使用原有系统。如果已经得知 SIMATIC IT Production Suite 的一个方法与 SIMATIC IT 组件的一种功能相匹配，那么就可以配置 SIMATIC IT Framework 使这个方法能调用组件的特定功能。SIMATIC IT 组件可以保证被调用功能得到真正的执行。

有时用户现有的并运行良好的系统或者第三方组件已经提供了所需要的功能。在这种情况下，此类系统通过系统集成与 SIMATIC IT Framework 进行连接。

通过这种方法，SIMATIC IT 组件、原有系统和第三方组件可以和 SIMATIC IT Framework 一起工作。生产模型和工厂模型与执行细节是分隔的，并且完全独立于执行细节。使用 SIMATIC IT 组件，需要预先定义 SIMATIC IT Framework 接口，才能保证与其他系统快速方便地集成。

3. 执行

当建模和工程与系统建置阶段完成后，项目就可以开始执行了。SIMATIC IT Framework 不仅是一种强有力的工程环境，同时利用它还可以执行生产作业并实时监控它们的状态。

由于执行过程是用颜色区分的，所以执行环境可以很方便地跟踪。如果某生产作业或生产作业的一部分为绿色，则表示它已经成功执行，红色意味着发生了错误，褐色意味着生产作业或生产作业的一部分处于暂停状态，而黄色意味着当前正在执行。

SIMATIC IT Framework 可以配置成对已经执行过的生产作业进行归档。如果需要进行分析，这样做就很有意义，并且如果在执行过程中发生了任何故障就可以对故障查找和排除进行深入的分析。生产作业的每一步都会按照执行情况用颜色标记。输入和输出参数也可以显示出来，以便简化故障排除作业。

7.9　二次开发与集成能力

西门子 SIMATIC IT 平台提供了客户端应用生成器 CAB（Client Application Builder）组件，有助于特有功能的定制开发。CAB 是一种嵌入到 .net 环境中的组件，支持客户二次开发应用。通过该组件可以访问平台的业务数据、实时数据和历史数据。

在系统集成方面，SIMATIC IT 平台通过 PM 组件，基于工作流引擎的方式以 COM/DCOM 技术实现了内部各系统及与用户自行开发的业务模块的集成。此外，平台还提供了集成中间件，用于系统间的数据传递和业务活动交互。西门子还在多个项目中，成功地通过集成中间件实现了智能管控系统、SAP 系统及多个自动化控制系统的集成。

系统开发平台采用微软 VS. NET 2015，运行平台采用 SIMATIC IT。VS. NET 2015 是微软新一代开发平台 IDE，具有丰富的开发插件及二次开发能力。SIMATIC IT 是基于 VS. NET 2015 开发而成，提供了丰富的 API 接口以便于进行二次开发。

系统提供了很好的用户体验，在界面友好性方面充分考虑到我国用户的使用习惯，增加了快捷键，符合 Windows 的操作习惯，另外还有界面设计的简洁性、功能使用的简单性，系统功能区域最大化、一目了然，减少用户的学习及记忆负担。

在数据最大化方面，页面数据最大化、数据主要字段在界面直接可见；最大可视化界面设计将主要数据放在醒目位置，图例的提示及相关业务提示功能的展示也最大化。

7.10　网络通信安全能力

在网络通信方面，SIMATIC IT 提供了多种网络安全方案设计。SIMATIC IT 通信协议为一个依赖于 TCP/IP 的 SIMATIC IT 私有的协议 SIT IPC（SIMATIC IT Inter Process Communication）。系统支持以下部署方式：

1）SIMATIC IT 服务和客户端在同一局域网内，如图 7-26 所示。通过防火墙把外网与 SIMATIC IT 网络隔离开来，只开放 SIMATIC IT 需要通信的几个端口，可以有效地提高系统的安全性。在 SIMATIC IT 网络中，安全由以下规则保证：任何客户端模型在请求任何行为之前必须出示登录用户的授权凭据给服务器模块，授权凭据由 SIMATIC IT 用户管理服务来管理。

2）SIMATIC IT 服务和客户端部署在由防火墙隔开的不同的局域网上，如图 7-27 所示。在 SIMATIC IT 与其他通信网络之间添加防火墙，只开放 SIMATIC IT 需要的端口，可以有效提高系统的安全性。

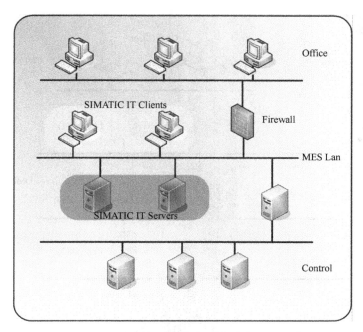

图 7-26　SIMATIC IT 服务和客户端在同一局域网

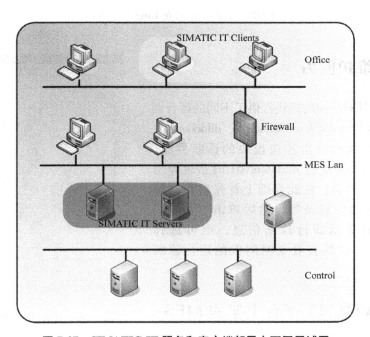

图 7-27　SIMATIC IT 服务和客户端部署在不同局域网

3）服务和客户端部署在由防火墙隔开的不同局域网。SIMATIC IT 服务部署在公司网络里，客户端部署在 Internet 区域，如图 7-28 所示。

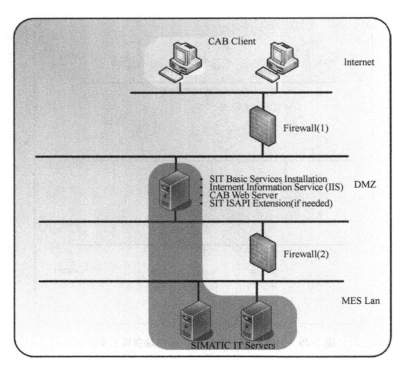

图 7-28　客户端部署在 **Internet** 区域

7.11　运行维护能力

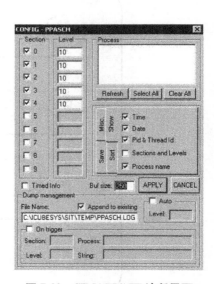

SIMATIC IT 针对不同的模块提供了不同的运行调试工具，如在运行中输入 dlldebug100、dlldebug101、dlldebug85 等，系统会弹出相应模块的诊断界面。图 7-29 所示的内容是运行 dlldebug101 时系统弹出的 PPA 模块诊断界面，在此界面上首先进行选择级别、诊断信息保存目录等，然后单击"Apply"按钮，就会实时显示运行诊断信息，也可选择"冻结"状态，一次性查看某时间段的运行诊断信息。

图 7-29　SIMATIC IT 诊断界面

7.12　SIMATIC IT 平台上架构 MES

7.12.1　整体架构

整体架构图如图 7-30 所示。

MES 是以西门子 SIMATIC IT 为核心，实现与 PLM 系统、ERP 系统、质量系统、数据包

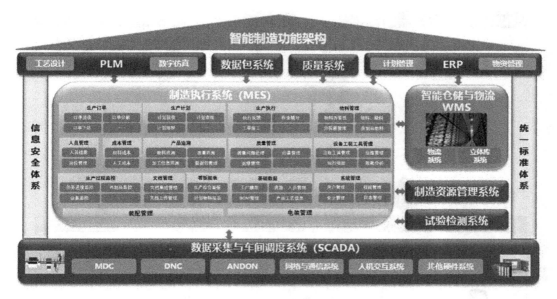

图 7-30　整体架构图

系统、物料系统、制造资源管理系统、实验检测系统等集成与协同的系统。主要功能模块包含生产订单管理、生产计划管理、生产执行管理、物料管理、人员管理、车间成本管理、产品追溯管理、生产质量管理、生产设备管理、工具工装管理、生产过程监控管理、文档管理、电子看板、统计分析报表、基础数据管理、系统管理等。

通过车间 MES 的建设与应用，对车间的人、机、料、法进行合理的调度与管理。系统在加强综合计划平衡调控的基础上，以生产任务为业务驱动，利用数字化的工艺信息提前完成各环节的生产准备，通过智能化生产管理实现严格的质量管控与追溯，最终为工厂搭建从任务接收到制造交付为一体的可视化 MES。主要的价值体现有以下几点：

1）数据采集自动化，减少人员配置。

2）生产过程管理精益化，降低制造成本。

3）产品生产全过程可追溯，提升产品质量。

4）工厂透明可视，提高运营效率。

5）制造业务全流程协同，实现信息共享。

6）计划透明，提高管理决策精确度。

7）实现主生产计划的产销平衡。

8）剔除无效等待时间，提高生产效率。

9）早期发现资源冲突、交期延误等潜在问题。

10）提高制造资源的使用效率。

7.12.2　部署架构

图 7-31 所示为系统硬件架构示意图。

MES 所部署的服务器设备一般部署在企业数据中心机房，它承载着 MES 运行的所有业

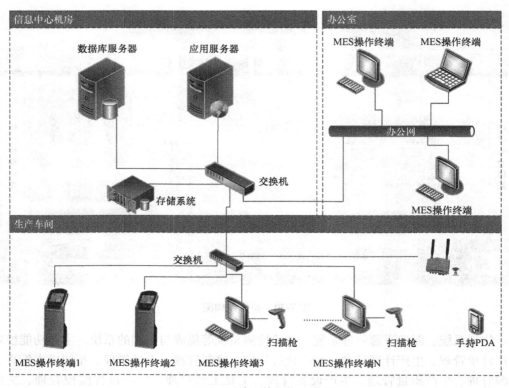

图 7-31　系统硬件架构示意图

务，设计采用市电与 UPS 双电源供电，最大限度地保障 MES 业务不间断运行、安全防护及遇到故障及时报警。应用服务器用于部署 SIT 平台，数据库服务器部署 SQL Server/Oracle 数据库。

　　MES 支持双机热备和集群部署，当一台服务器出现问题停机时，另一台服务器能实时接管中断的工作，保证系统的正常运行。所有服务器连接一套存储系统，软盘阵列具有热插拔功能，可以灵活地组成 RAID 模式，当一块硬盘损坏时，数据可以恢复，从而保证不丢失数据。

7.12.3　设计标准

1. 统一门户

　　西门子 MES 采用统一的门户平台显示各种业务信息，包括经营管理层、生产计划层、研发技术层、作业管理层、现场操作层上的相关人员。采用统一的门户安全策略、权限分配策略、系统配置策略，保证业务使用人员和系统维护人员使用上的便利性。

　　系统所有涉及人机交互和数据展现的功能都包含在信息门户里。通过信息门户，系统管理员可以对生产管理信息进行集成和部署，相关用户可以通过自己的权限在浏览器上共享、分析、处理和应用信息。信息门户集中展现 MES 的信息数据，相关人员可以通过信息门户快速定位自己所关心的信息。MES 门户如图 7-32 所示。

图 7-32　MES 门户

2. 遵循标准

1）工业 4.0 标准如图 7-33 所示。按照工业 4.0 标准推行数字化工厂，最终实现智能工厂已成为工厂的发展趋势。

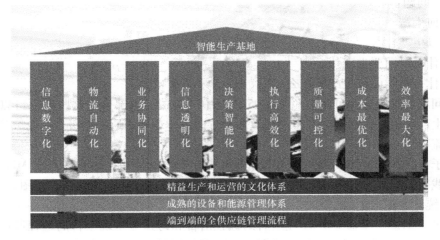

图 7-33　工业 4.0 标准

① 信息数字化：所有记录数据全部按照结构化方式存储，便于后期实现自动统计与分析，可大大提高业务效率。

② 物流自动化：减少人工搬运、人工参与物流因素，使用高效的自动化设备实现物流的快速、准确和可控。物流自动化设备还要与业务系统之间实现数据集成，由业务系统通知物流系统所输送的物料和位置；同时通过数据采集，业务系统又可以及时获取现场的实际物流执行信息，从而实现自动化。

③ 业务协同化：数字化工厂的全面建设将引入较多的信息化系统，包括 MES、ERP 系统、PLM 系统、物流系统、立体库系统等，严禁各个系统孤立形成新的信息孤岛，因为必须从整体上实现不同系统之间的数据共享，实现业务的高效协同。

④ 信息透明化：本着可视化的原则设计数字化工厂，保证必要的人在必要的工位能快速看到需要了解的信息，实现高效透明化，为管理决策提供数据支持。

⑤ 决策智能化：充分利用系统内信息，当发现问题时，系统能够快速地给出相应决策供参考，协助管理人员高效地完成业务。

⑥ 执行高效化：所设计的系统必须严格按照人因工程标准设计，保证终端用户可以高效地使用，避免由于设计不当造成的生产效率损失。

⑦ 质量可控化：主要从质量信息归档化、质量信息反应快速化、质量管理规范化三个方面来提高产品质量管理过程的可控化。

⑧ 成本最优化：优化项目投入成本，减少生产过程的成本损失。

⑨ 效率最大化：通过优化工具实现生产安排的科学化，从而使生产效率发挥到最大化。

2）ISA-95 标准如图 7-34 所示。

国际标准化组织已经对 MES 功能做出明确的定义。首先是 MESA（Manufacturing Execution Systems Association），随后是 ISA（Instrumentation，Systems，and Automation Society）相继开发了相关模型，用于对这类软件系统进行概述和标准化。ANSI/ISA-95 国际标准定义了企业级业务系统与工厂车间级控制系统相集成时所使用的术语和模型。该标准还定义了中间层 MES 应支持的一系列不同的业务操作。典型的 MES 环境能有效地帮助客户回答下述几个关键的生产问题：

① 如何生产。

② 可以生产什么。

③ 在什么时间要生产什么。

④ 在什么时间已经生产了什么。

以上问题的解决分别可以参照 ISA-95 模型中的直接对应部分。这些问题可以概括为产品定义、生产能力、计划排产和生产绩效四个方面，体现了沟通控制级与企业级管理系统的基本业务流程。

西门子首先是 ISA-95 标准的重要发起者和制定者之一，并在 SIAMTIC IT MES 产品中严格遵循和践行该标准，在开发 SIMATIC IT 中始终如一地将其作为构架设计蓝图。

3）系统开发标准。

① Web Service。Web Service 是一种跨编程语言和跨操作系统平台的远程调用技术，可使用开放的 XML 标准来描述、发布、发现、协调和配置这些应用程序，用于开发分布式的互操作应用程序。Web Service 可以轻松实现跨系统业务操作。

Web Service 是由企业发布的完成其特定商务需求的在线应用服务，其他公司或应用软件能够通过 Internet 来访问并使用这项在线服务。Web Service 是一种构建应用程序的普遍模型，可以在任何支持网络通信的操作系统中实施运行；它是一种新的 Web 应用程序分支，是自包含、自描述、模块化的应用，可以发布、定位及通过 Web 调用。Web Service 是一个应用组件，为其他应用程序提供逻辑性的数据与服务。各应用程序通过网络协议和规定的一些标准数据格式（Http，XML，Soap）来访问 Web Service，通过 Web Service 内部执行得到

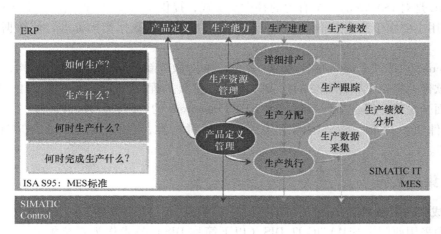

图 7-34 ISA-95 标准的定义图示

所需结果。Web Service 可以执行从简单的请求到复杂商务处理的任何功能。一旦部署以后，其他 Web Service 应用程序就可以发现并调用它部署的服务。

② RS232 接口。RS232 接口符合美国电子工业联盟（EIA）制定的串行数据通信的接口标准，原始编号全称是 EIA-RS-232（简称 232，RS232）。它被广泛用于计算机串行接口外设连接。连接电缆和机械、电气特性、信号功能及传送过程。RS232 接口通常用于 MES 现场操作终端与平板秤/电子秤的连接，用于 MES 在线读取电子秤重量信息，或者 MES 操作电子秤去皮和减重等称重模式。

③ TCP IP/UDP。套接字（Socket）是通信的基石，是支持 TCP IP/UDP 协议的网络通信的基本操作单元。创建 Socket 连接时，可以指定使用的传输层协议，Socket 可以支持不同的传输层协议（TCP 或 UDP），当使用 TCP 协议进行连接时，该 Socket 连接就是一个 TCP 连接。Socket TCP/UDP 多用于应用系统与控制系统需要频繁发生握手通信的环境，例如，智能物料输送系统中的物料位置追溯。

④ OPC 协议。OPC 是 OLE for Process Control 的缩写，是一个工业标准，管理这个标准的国际组织是 OPC 基金会，OPC 基金会现有会员已超过 220 家，遍布全球，包括世界上所有主要的自动化控制系统、仪器仪表及过程控制系统的公司。

OPC 是以 OLE/COM 机制作为应用程序的通信标准。OLE/COM 是一种客户/服务器模式，具有语言无关性、代码重用性、易于集成性等优点。OPC 规范了接口函数，无论现场设备以何种形式存在，客户都以统一的方式去访问，从而保证软件对客户的透明性，使得用户完全从低层的开发中脱离出来。OPC 是基于 Microsoft 公司的 Distributed internet Application（DNA）构架和 Component Object Model（COM）技术，根据易于扩展性而设计的。OPC 规范定义了一个工业标准接口。

⑤ B2MML 规范。B2MML 是 Business To Manufacturing Markup Language 的缩写，称为企业制造标记性语言，B2MML 由 WBF 的 XML 工作组研发，为生产厂商提供免费的 ISA-95 标准企业 XML 格式应用，使其符合控制系统集成标准。ISA-95 标准提供模块和术语，使企业系统和生产控制系统标准化。此标准生产用作系统工程项目设计和计划的框架。B2MML 提供对 ISA-95 标准的 IT 接入功能，并成为基于 ISA-95 项目实施的事实执行规范。

B2MML 是对 ISA-95 的一个有力的补充及实践，提供了 ISA-95 标准在 IT 上实现的标准。B2MML 作用主要在于为企业不同层次的应用系统提供一个数据交换标准，使数据交换更容易被实现。

⑥ Microsoft .NET Framework。NET Framework 为微软新一代编程体系或架构，它是一个语言开发软件，提供了软件开发的框架，使开发更具工程性、简便性和稳定性。MES 所有有关的界面开发部分都是基于 Microsoft .NET Framework 的，易于开发和维护。

⑦ 软件质量标准。符合国际通用的软件质量标准，包括 ISO9000-3、CMM、CMMI、ISO/IEC 等。

7.12.4 集成架构

1. 集成架构及技术

本书中采用西门子 SIMATIC IT DIS（以下简称 DIS）技术作为系统集成的集成方式和基础。

通过调研了解到 PLM TEAMCENTER 工艺设计系统为 MES 提供三维工艺、图样、制造 BOM、工艺树、工艺路线等数据，是 MES 实现生产管理、排产、调度执行等的重要数据来源，由此与 TEAMCENTER 的集成稳定性显得尤为重要和关键，DIS 与 PLM TEAMCENTER 系统同为西门子产品，能与 TEAMCENTER 实现快速、稳定的无缝对接，规避潜在问题，兼容性方面有着先天优势，与 TEAMCENTER 集成将采用 DIS 中的专有接口实现。

随着技术的不断成熟，集成需求也随之提升，降低集成难度、提高集成效果和稳定性成为主要需求，本项目将 SOAP 协议作为系统集成的主流技术，并以 DIS Web Service 的技术实现 SOAP 数据流转架构，作为 MES 与各个系统间数据交互的主要实现方式。

如果存在对于使用 Web Service 技术有问题的系统，DIS 提供种类多样的技术路线，如图 7-35 所示。

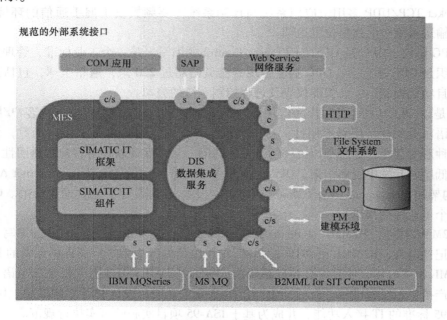

图 7-35　DIS 连接器架构

数据集成服务（DIS）提供各种连接器，包括与 SAP 的标准接口 IDOC 格式、COM 接口、文件接口和 HTTP 接口等。通过连接器可以方便地实现 MES 与外部系统的连接。数据交互支持标准的 XML 格式，具有广泛的适应性。数据集成服务提供了数据映射编辑器，使用该编辑器可以方便地实现数据从一个系统到另一个系统的映射及转换。

可见 DIS 能实现各种基础数据和业务数据在不同系统之间的交换，以 DIS 为平台架构的数据中心，来构建各种信息系统之间的集成，提供强大和稳定的数据交换服务，一方面可保证系统集成的顺利实施，降低集成风险；另一方面，DIS 数据交换中心内置于 SIMATIC UADM 平台之内，不需要用户单独购买，避免了重复投资，降低了项目的整体成本。

2. 集成方案及内容

本书将介绍 MES 与以下系统进行集成的方案，在此列举了 MES 与众多系统的集成数据流，在实际项目中，有一些系统是不应用的，其对应的功能被整合到了相关系统中。

1）ERP 系统。

2）PLM 系统。

3）质量系统。

4）数据包系统。

5）制造资源管理系统。

6）MDC/DNC 系统。

7）试验检测系统。

8）物流系统。

9）ANDON 系统。

10）其他硬件系统。

通过对各个系统的功能进行分析，整理出系统集成总图如图 7-36 所示。

根据系统集成总图可了解到每个需要集成的系统与 MES 各功能模块之间的关联关系、数据流向，以及 MES 功能模块之间的数据流向，围绕集成的内容和相关数据进行接口的技术选型。

（1）与 ERP 系统集成　ERP 系统与 MES 采用双向数据集成，ERP 系统将生产任务、物料信息、BOM 等信息通过接口传送给 MES，MES 通过计划的执行将任务完成状况、设备状况和质量信息等反馈给 ERP 系统。

MES 与 ERP 系统集成的数据项内容（不局限于以下项目）见表 7-3。

表 7-3　MES 与 ERP 系统集成的数据项内容

序号	接口内容	详细信息	信息流向
1	BOM 数据	制造 BOM（MBOM）	ERP→MES
2	生产计划	生产计划（零件级）、物料准备、批次、工时定额等信息	ERP→MES
3	调度任务	车间生产调度任务信息	ERP→MES
4	生产执行信息反馈	计划对应的生产完工信息发送到 ERP 系统	MES→ERP

（续）

序号	接口内容	详细信息	信息流向
5	物料信息	物料需求（缺料）信息反馈到 ERP 系统	MES→ERP
6	生产报工信息	生产计划编号、完成时间、产品数量、班组实际工时等	MES→ERP

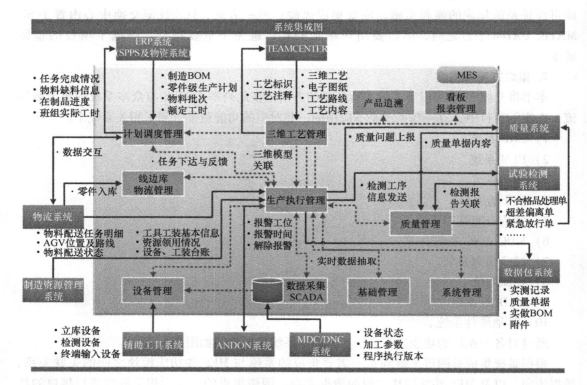

图 7-36 系统集成总图

MES 从 ERP 系统中获取生产订单、生产计划等生产任务方面的信息，通过 BOM 和物料库存信息计算配套数量。此外，将物料缺料信息反馈给 ERP 系统，作为 MRP（物料需求计划）计算的准确数据。

MES 可以将产品的生产进度、物料缺料数据、设备的综合效率及人员的工作绩效等上报给 ERP 系统，以实现公司内部信息和数据的集中管理，从根本上减少信息和数据内部流通的时间。MES 实时掌控生产现场情况，把实时、准确的生产信息反馈给 ERP 系统，在生产现场层和生产计划层之间建立了信息传递的桥梁，形成生产过程信息的闭环控制。

（2）与 PLM 系统集成　TEAMCENTER 系统与 MES 采用 DIS-TO-TEAMCENTER 专有接口完成数据集成，TEAMCENTER 系统将工艺相关信息（XML），包含三维模型、电子图样、工艺结构树、工艺路线、工艺内容（工序、工步、加工设备、工装、工具、辅料、物料、检验要求）和实做 BOM 等数据通过接口传送给 MES。

MES 与 TEAMCENTER 集成的数据项内容（不局限以下项）见表 7-4。

表 7-4　MES 与 TEAMCENTER 集成的数据项内容

序号	接口内容	详细信息	信息流向
1	工艺相关	三维模型、电子图样、工艺结构树、工艺路线、工艺内容（工序及工步、工装工具、关键件、检验等）	TEAMCENTER→MES
2	BOM 数据	实做 BOM 框架	TEAMCENTER→MES

（3）质量管理系统集成　质量管理系统与 MES 采用 DIS-Web Service 功能完成数据集成，质量管理系统将产品对应的质量单据内容及闭环状态，如型号、计划号、批次等信息，通过接口传送给 MES，MES 接收后与生产任务进行关联，在生产执行中根据工艺路线使用质量管理系统接收数据。

在 MES 执行中出现加工、装配过程中导致的零、部件质量问题，或者外购外协件入库时漏检的问题，生产过程中发现的质量问题时，则在 MES 中发起不合格品审理单、技术问题处理单、废品通知单、超差偏离申请单、技术问题处理单等，并将这些单据提交到质量管理系统，由质量管理系统完成审批流，最后 MES 接收审批结论和审批人等信息。

MES 与质量管理系统集成的数据项内容（不局限以下项）见表 7-5。

表 7-5　MES 与质量管理系统集成的数据项内容

序号	接口内容	详细信息	信息流向
1	质量单据相关	质量单据内容 质量单据的闭环状态	质量管理→MES
2	质量问题上报	紧急放行单、例外放行单、技术问题处理单、不合格品审理单、技术问题处理单、废品通知单、超差偏离申请单、技术问题处理单等单据	MES→质量管理

（4）数据包系统集成　数据包系统与 MES 采用 DIS-Web Service 功能完成数据集成，数据包是包含实测记录、质量单据、文件附件、实做 BOM 等重要生产过程数据的松散数据集合，其中数据格式会有不同，MES 能将结构差异化的数据进行整合，并以一个唯一码将各类数据串联起来组成一个数据结构发送到数据包系统，数据包系统只需按照约定的数据结构进行解析和解包，根据唯一码便可串联生产过程、质量、实做 BOM 等数据，形成产品质量书。

MES 与数据包系统集成的数据项内容（不局限于以下项目）见表 7-6。

表 7-6　MES 与数据包系统集成的数据项内容

序号	接口内容	详细信息	信息流向
1	生产过程数据	实测记录、质量单据、文件附件、实做 BOM、试验结构等数据	MES→数据包系统

（5）制造资源管理系统集成　制造资源管理系统与 MES 采用 DIS-Web Service 功能完成数据集成，制造资源管理系统是对车间中的生产资源，如机床、工装工具、测试设备、检测

仪器仪表、天车、叉车、装配台、立体库、物料配送、AGV 等与生产相关的生产资源的管理，在 MES 中形成设备台账、记录工器具、装配台、工装的领用/占用情况的记录和管理。MES 将工器具、刀具的实时状态反馈给制造资源管理系统，使得领用/占用情况符合生产现场具体情况。

MES 与制造资源管理系统集成的数据项内容（不局限于以下项目）见表 7-7。

表 7-7 MES 与制造资源管理系统集成的数据项内容

序号	接口内容	详细信息	信息流向
1	制造资源领用	刀具、工具、工装的领用状态和台账、状态信息 制造资源领用信息 设备管理相关信息	制造资源管理→MES
2	状态反馈	生产任务结束后，资源占用状态变为无占用，并反馈给制造资源管理系统	MES→制造资源管理

（6）MDC/DNC 系统集成　MDC/DNC 主要用于加工工位和机床设备的数控系统，以及在此基础上的详细制造数据采集，设备包括大型、小型结构零件的机加工，将每个机床的工作状态、当前刀具、当日产量采集到 MES 中计算与分析，是提高加工质量，增加机床效率行之有效的方法，MES 能形成每个机床的产量爬坡图，在看板在线监控每个机床的工作状态，并为设备管理提供精准的实际工作时间，以此进行预定义的检修策略，能促进机床稳定有效运行达到开动率和使用率的提升。

MDC/DNC 的实时数据具有频率高、变化快的特点，为维持数据采集有效性和实时性，MES 将不直接面对实时数据，而是先部署一套 SCADA 系统对实时数据进行采集和长期在线归档历史数据，MES 从 SCADA 系统中抽取数据进行二次计算达到分析计算的效果。SCADA 系统对所有机床设备采集，根据厂家确定通信方式，例如，840D 采用 ProfiBus，三菱 ModBus 等。MES 采用 OPC 协议方式从 SCADA 系统提取数据。

MES 与 MDC/DNC 集成的数据项内容（不局限于以下项目）见表 7-8。

表 7-8 MES 与 MDC/DNC 集成的数据项内容

序号	接口内容	详细信息	信息流向
1	实时数据采集	设备状态，如机床产量、状态等 设备加工参数：加工参数、刀具信息 数控程序：实际执行版本	SCADA→MDC/DNC
2	二次计算数据	设备开动率、设备可利用率、设备爬坡图、产量分析、状态监控、报警提示等	MES→SCADA

（7）试验检测系统集成　试验检测系统与 MES 采用 DIS-Web Service 功能完成数据集成。试验检测系统与加工或精密装配、电装、装配集成等检验工序或步骤相关，在 MES 按照工序路线执行过程中，会有一部分试验检测的工作需要由专业设备仪器和系统完成，当执行到此工步时将数据发送到试验检测系统，接收反馈的试验检测结果、报告等，并与生产任务号、计划号、图号相关联，形成检测数据归档，实现产品质量正反向追溯的依据。

MES 与试验检测系统集成的数据项内容（不局限于以下项目）见表 7-9。

表7-9　MES与试验检测系统集成的数据项内容

序号	接口内容	详细信息	信息流向
1	工艺路线中相关检测项	相关检测报告（计划号、图号名称等信息），将其作为附件与MES的工序相关联	试验检测系统→MES
2	试验测试报告	试验检测工序相关信息（测试报告内容、参数等）发送到试验检测系统	MES→试验检测系统

（8）物料系统　物流系统与MES采用DIS-Web Service功能完成数据集成。物流系统是完成物料出入库、分拣、配送等工作的重要系统，高效、准确地完成物料配送是决定生产效率的重要一环，物流配送任务是MES根据生产任务分解、排产后制定完成零件及作业任务后，通过合批计算得出当日或执行周期内所有零件的配送数量、配送工位、配送时间等。通知物流系统，物流系统接收到配送任务后会按批次出库，完成分拣后根据工位发送指令指挥AGV按路径配送到位，MES的AGV配送到位和出库单信息，完成线边库入库操作。

MES与物料系统集成的数据项内容（不局限于以下项目）见表7-10。

表7-10　MES与物料系统集成的数据项内容

序号	接口内容	详细信息	信息流向
1	物料配送任务	配送任务信息（起点位置、终点位置、配送对象、配送时机等）发送到物料系统	MES→物流系统
2	AGV信息	配送任务信息（起点位置、终点位置、配送对象、配送时机等）	物流系统→MES
3	配送执行信息	配送任务执行情况（装载中、配送中、已送达等）	物流系统→MES

（9）ANDON系统集成　ANDON系统与MES采用DIS-Web Service功能完成数据集成。ANDON系统用于工位快速反馈报警、缺料拉动等信息，通常由柱灯、报警按钮、PLC控制器等设备组成，工位工人可以通过ANDON系统及时通知车间技术组、调度、协调员等到工位处理相关紧急问题，MES有生产异常上报功能，当有异常上报时则提交给ANDON系统进行报警，当报警解除后将MES中异常上报设置为完成。

MES与ANDON系统集成的数据项内容（不局限于以下项目）见表7-11。

表7-11　MES与ANDON系统集成的数据项内容

序号	接口内容	详细信息	信息流向
1	报警信息	报警工位、报警级别、报警时间等	ANDON→MES
2	生产现场问题相关信息	报警问题类别、问题优先级等 解决问题后解除报警信息提交ANDON系统	MES→ANDON

（10）其他硬件系统集成　其他硬件系统与MES采用DIS-ADO、USB终端接入功能完成数据集成。辅助工具主要有识别二维码、条码的扫描枪，识别RFID信号的读写器，某些检测设备、拧紧枪、激光三坐标测量、激光刻码机等设备。扫描枪、RFID读卡器通过USB口插入MES终端机，实现数据读入，此类设备的系统通常是与设备成套提供的，操作系统可

配置性很差，不使用 Web Service 方式，采用简单易行的 ADO 数据库方式集成。

MES 与辅助工具系统集成的数据项内容（不局限于以下项目）见表 7-12。

表 7-12　MES 与辅助工具系统集成的数据项内容

序号	接口内容	详细信息	信息流向
1	USB 口	RFID 读写设备（读卡器） 条码、二维码扫描识别设备（扫描枪）	辅助工具系统→MES
2	ADO 接口	检测设备 立体库设备	辅助工具系统→MES

第 8 章

SIMATIC IT操作指南

8.1 SIMATIC IT 生产套件

SIMATIC IT 生产套件（Production Suite）由平台服务、生产模型、开发配置、工艺、物料、工艺路线、生产订单、数据采集等模块构成，如图 8-1 所示。在后续章节中，将逐个讲解这些模块。

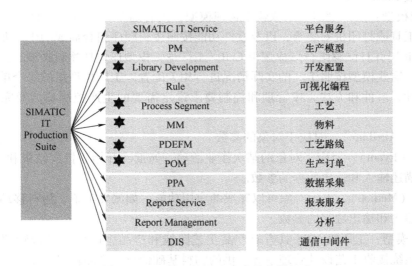

SIMATIC IT Service	平台服务
★ PM	生产模型
★ Library Development	开发配置
Rule	可视化编程
★ Process Segment	工艺
★ MM	物料
★ PDEFM	工艺路线
★ POM	生产订单
PPA	数据采集
Report Service	报表服务
Report Management	分析
DIS	通信中间件

（SIMATIC IT Production Suite）

图 8-1 SIMATIC IT 生产套件产品组成

（1）平台服务 SIMATIC IT 服务是一个软件包，作为一个使用层对整个 SIMATIC IT 套件提供公共服务。它已经集中这些功能影响所有套件的组成部分。平台服务包括软件应用服务、建模服务、日志服务、核心服务、用户自定义服务、RIDS 实时数据库服务、消息服务及 OPC 服务。

（2）生产模型 MES 是一个灵活方便的图形建模环境，用户可以通过图形拖拽的方式方便地创建生产模型，并定义对象间的关系。按照企业管理要求和实际情况，建立基于国际

MES 行业标准 ANSI/ISA-S95 的工厂模型。该工厂模型由物理模型（工厂实际设备）和逻辑模型（业务流程）结合形成，完整的体现了整个工厂设备的组成结构、生产运行及生产管理逻辑。基础建模时，信息的编码标准制定遵循以下原则：

① 全面性：从范围方面，需要涵盖企业生产运行管理的各个业务领域；从生产流程方面，编码前需要在整理地区公司业务管理流程和生产工艺流程的基础上收集、归纳企业生产业务相关的所有对象属性信息；从功能方面，需要考虑 MES 各功能模块的配置需要。

② 标准化：根据系统的范围和实施目标，能够对系统建设所需的生产运行管理各类参考对象信息进行标准化定义，有利于系统各模块之间的信息集成和数据共享。

③ 规范化：通过建立统一的信息编码，对企业的生产业务基础信息进行规范管理，提高数据的准确性和一致性。

④ 可扩展性：在信息标准化过程中，建立在企业可直接扩展的信息编码体系基础上，并能够和其他信息系统进行有效集成。

1）物理模型：根据 MES 国际标准 ISA-S95，工厂物理模型由上至下分为 5 层：Ent 项目管理系统 Rise、Site、Area、Cell、Unit 和 Resource。工厂物理模型中最基本的对象称为 Unit，Unit 对应到各生产车间的工位/关键设备；一个或多个 Unit 组成具有某些功能含义的 Cell（如工段）；一个或多个 Cell 组成 Area，如车间；多个 Area 组成 Site，对应各个生产厂；多个 Site 组成 Entrerpise。

2）逻辑模型：工厂逻辑模型依赖于物理模型，内容通常是特定的软件包，如调度管理产品、报告工具或打印机安装等，以及软件功能按照逻辑顺序组合而成的生产业务规则。逻辑对象在 Unit 层并且能够组合形成逻辑 Cell。工厂逻辑模型还包括物料模型、人员模型、生产规则模型，这些模型按照工厂的实际情况进行相关配置。工厂模型里的每个单元可以定义其特有的属性、事件和方法，按管理和控制要求设定需要的生产控制参数及完成某些作业活动。

① 属性（Attribute），对应于对象的参数。

② 事件（Event），对应于对象的某次作业活动，如批次开始、批次结束和生产换班等，事件可以有描述输入和输出数据的参数。

③ 方法（Method），表示对象可以完成的应用功能，如派发工单、物料移动等，方法可以拥有描述输入和输出数据的参数。

3）工艺模型：工厂级 MES 具有对产品工艺路线和产品生产信息进行管理和维护的功能。工厂级系统接收工艺设计管理系统提供的物料基础信息、产品信息、工序定义信息、工艺质量信息等，并将这些信息组织生成产品工艺路线和产品生产信息，作为生产订单分解的直接依据。在工厂模型的基础上，工厂级系统为每一种型号的产品、半成品建立对应的工艺路线，定义每一型号可采用的工艺加工线路及生产相关信息，包括生产工序、设备、物料、人员、工艺及检测参数等。通过工艺路线将工厂级 MES 的其他功能模块（如工厂模型、物料管理等）有机地结合起来，协同完成对各种型号的成品/半成品的生产制造过程、质量控制。

（3）开发配置　开发配置包括启动配置、开发环境配置和开发运行配置。

（4）工艺　工艺指产品依赖生产过程中需要的物料和设备，通过 PS 生产出各种不同的最终物料。系统提供从 PLM 系统接收工艺路线管理的功能，同时也提供增加、删除、修改、查询工艺路线的功能。

（5）物料　物料模块中对于物料这一基本生产元素的定义分为三级，分别是类型（Type）、分类（Class）和定义（Definition）。Type 是物料中大的类型，很多项目中的分类都是原料、半成品、成品；Class 是分类，是物料大类型下的小分类，是依企业生产实际对物料的分类；Definition 是对物料的定义，唯一区分一个具体的物料。

（6）工艺路线　工艺路线是系统中对产品的生产过程需要的生产工艺定义，包括工艺名称、工艺顺序、工艺参数、工艺要求及工艺相关生产条件（设备、技术、物料、辅料、工装夹具、工具等）。系统提供工艺路线的信息管理和版本管理，对接系统设计。

（7）生产订单　平台生产订单管理模块，提供定义生产计划（订单）管理，包括创建生产订单、导入或组织生产订单；通过订单关联的 PPR 可以浏览产品的工艺和物料清单；生产订单的派发可以手动也可以自动；定义了生产订单的生命周期；生产订单管理也可以对接 ERP 系统中的计划管理模块，通过集成把 ERP 中的生产订单计划接收到平台中，作为排产的源数据。

（8）数据采集　RTDS（实时数据库）是 SIMATIC IT Historian 中的实时数据采集组件，将数据保存在内存中。该组件提供数据采集、存储和分析的软件功能；可以实现配置完成通 OPC\ODBC\COM 接口的数据采集；组件提供整个 Historian 的基础服务用户管理 User Management、网络配置 NetWorking 和系统设置 System Configuration 等。

8.2　平台服务

SIMATIC IT 生产套件的服务如图 8-2 所示，需要强调的是，SIMATIC IT 服务支持分布式架构，每一个服务都可以单独地运行在一个服务器上。

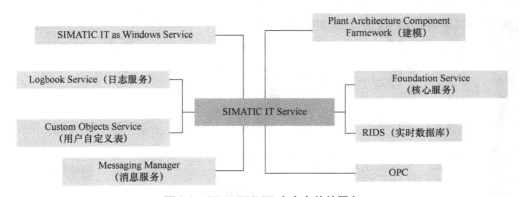

图 8-2　SIMATIC IT 生产套件的服务

服务工厂是 SIMATIC IT 的逻辑元素，代表想要实现的项目；服务单元代表一种连接物理系统和 SIMATIC IT 软件的中间件；一个服务工厂可以有多个服务单元，但是同一时间同一系统下只能运行一个服务单元。SIMATIC IT 服务工厂和服务单元如图 8-3 所示。

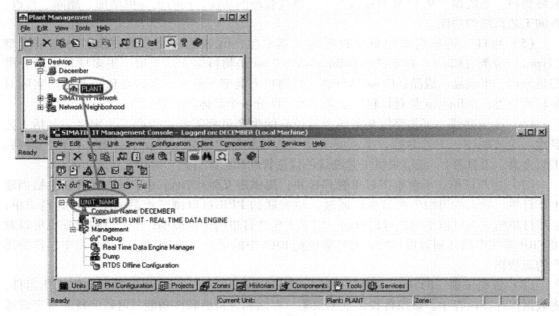

图 8-3　SIMATIC IT 服务工厂和服务单元

8.2.1　项目建模-物理文件创建

如图 8-4 所示，按照 ISA-95 标准通过 SIMATIC IT 平台对项目进行建模，主要步骤为：

1）单击 图标，启动平台建模服务操作台。

2）选择物理 C 盘，开始进行项目物理文件建模。

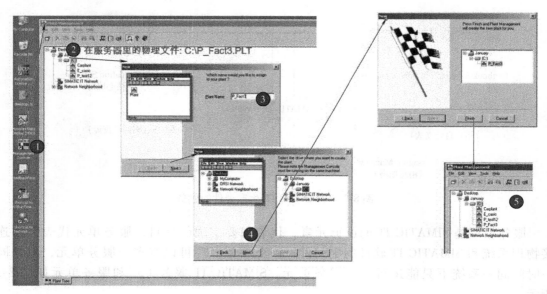

图 8-4　项目建模

3）输入项目名称代号，以与项目相符的英文命名，如"P_FACT3"，在服务器里的物理文件为 C:\P_FACT3. PLT。

4）单击"NEXT"按钮，完成物理文件建模。单击 C 盘，可以浏览到 P_FACT3 的物理模型，双击进入 SIMATIC IT 平台。

说明：一个 SIMATIC IT 平台中可以存在多个物理模型，但是运行时只能运行一个有效的模型。选择物理模型，双击"启动平台"按钮进入平台。

8.2.2　SIMATIC IT 服务创建

SIMATIC IT 服务创建和设置如图 8-5 所示。

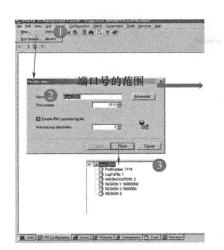
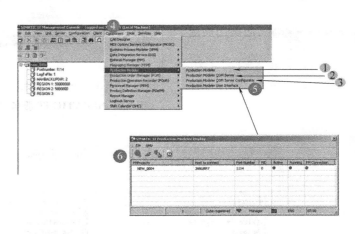

图 8-5　SIMATIC IT 服务创建和设置

主要步骤如下：

1）SIT 平台启动，单击 [图标] 图标，启动平台控制。

2）单击控制台 File 菜单，使用 New 子菜单，弹出新建服务窗口，该服务是整个项目的服务基础，启动项目后，此服务必须连接并正常使用，平台才能运行且服务于项目；Name 英文构成如 fact3；Port number 端口号是纯数字，如 1111~9999；注意，该端口号不能与 SIT 中已存在的服务端口号冲突，也不能与部署 SIT 的服务器中 SIT 以外的应用端口冲突，否则会造成 SIT 平台端口异常以至于服务启动不成功。

3）完成创建项目服务如 fact3。

8.2.3　SIMATIC IT 服务设置

SIMATIC IT 服务设置如图 8-6 所示。

单击 Configuration 菜单下的 System 菜单，选择 Start-Up 功能，单击"Startup Conf"按钮，弹出图 8-7 所示的设置启动项窗口。

小练习：*请自行创建 SIMATIC IT 物理文件，创建 SIMATIC IT 服务平台，熟悉 SIMATIC IT 平台环境。*

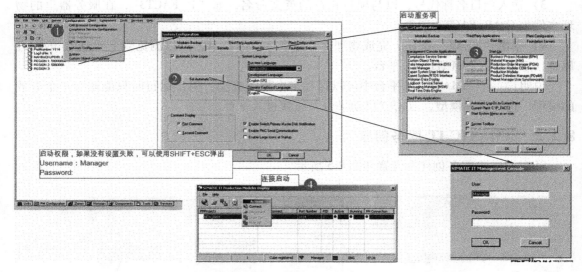

图 8-6　SIMATIC IT 服务设置

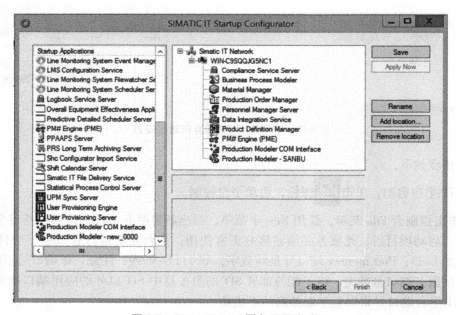

图 8-7　SIMATIC IT 服务设置启动项

8.3　SIMATIC IT 生产建模器

生产建模器（Production Modeler，PM）组成如图 8-8 所示，其作用如下：

1）对生产工厂的物理布局进行建模。

2）对在工厂里发生的生产过程进行建模。

3）协调提供具体的逻辑功能的应用程序建模。

4）PM 是一个基于 Rule-Based 引擎的建模工具。

图 8-8　PM 组成

8.3.1　生产建模器创建

如图 8-9 所示，SIMATIC IT 工厂建模层级分为 Enterprise、Site、Area、Cell、Unit 五个层级，是基于 ISA-95 标准完成的。在实际的项目当中，通常的对应关系是 Enterprise——公司/集团、Site——工厂、Area——车间/生产线、Cell——工段/工序、Unit——设备。当然，模型是灵活的，对应关系可以根据企业实际情况进行对应。在近期的项目中，工厂模型建到 Area 这一层级基本就可以满足项目的需求。

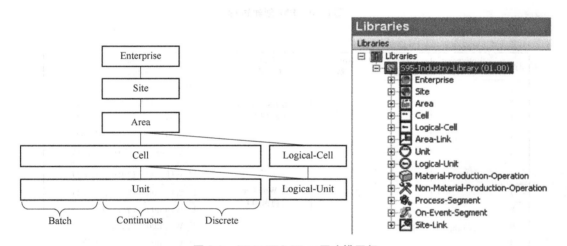

图 8-9　SIMATIC IT 工厂建模层级

小知识：在 SIMATIC IT 中，工厂模型也必须至少建到 Area 这一层级，否则后期无法完成工厂模型中 Plant 的新建。

1. 生产建模器创建过程

PM 创建过程如图 8-10 所示。

PM 示例项目如图 8-11 所示。

1）PM 创建模板——Libraries，如图 8-12a 所示。

创建 Libraries 的步骤如下：

① 单击新建 Libraries，开始创建模板。

② 在弹出的 Libraries 窗口输入 Libraries 名称 E_COM3。

③ 单击"OK"按钮，完成 Libraries 创建。

2）PM 创建模板——Enterprise 如图 8-12b 所示。

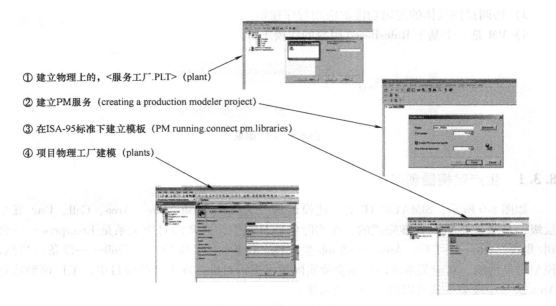

① 建立物理上的，<服务工厂.PLT>（plant）

② 建立PM服务（creating a production modeler project）

③ 在ISA-95标准下建立模板（PM running.connect pm.libraries）

④ 项目物理工厂建模（plants）

图 8-10   PM 创建过程

序号	Enterprise（一级）	Site（二级）	Area（三级）	Cell（四级）	Unit（五级）
1				C_MESServicing（MES维护组）	U_SSUnit001（维护工位1）
2			A_Wksp12		U_SSUnit002（维护工位2）
3					U_SSUnit003（维护工位3）
4					U_SSUnit004（维护工位4）
5				C_Wmatter（物保组）	U_WUnit001（物保组工位1）
6					U_WUnit002（物保组工位2）
7					U_WUnit003（物保组工位3）
8					U_WUnit004（物保组工位4）
9	E_Comp3	S_Fact3			U_WUnit005（物保组工位5）
10					U_WUnit006（物保组工位6）
11			A_Wksp13（生产车间13）	C_Elec（电装）	U_EUnit001（电装组工位1）
12					U_EUnit002（电装组工位2）
13					U_EUnit003（电装组工位3）
14					U_EUnit004（电装组工位4）
15					U_EUnit005（电装组工位5）
16					U_EUnit006（电装组工位6）
17					U_EUnit007（电装组工位7）
18					U_EUnit008（电装组工位8）
19					U_EUnit009（电装组工位9）

图 8-11   PM 示例项目

创建 Enterprise 的步骤如下：

① 鼠标单击 E_COM3 节点，右键单击 ADD 菜单。

② 在弹出的 Enterprise 创建窗口输入 Enterprise 名称 E_casic。

a) 创建Libraries

b) 创建Enterprise

图 8-12　PM 创建模板——Libraries 和 Enterprise

③ 选择类型为 Enterprise，单击 "OK" 按钮，完成创建 Enterprise。

3）PM 创建模板——Site 如图 8-13 所示。

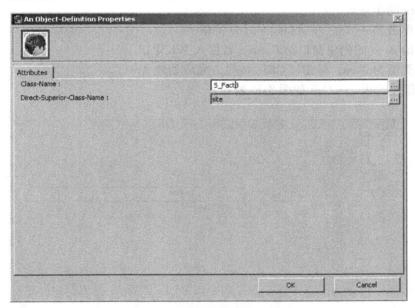

图 8-13　PM 创建模板——Site

创建 Site 步骤如下：

① 鼠标单击 Enterprise 节点，右键单击 ADD 菜单。

② 在弹出的 Site 创建窗口输入 Site 名称 S_Fact13。

③ 选择类型为 Site，单击 "OK" 按钮，完成创建 Site。

4）PM 创建模板——Area 如图 8-14 所示。

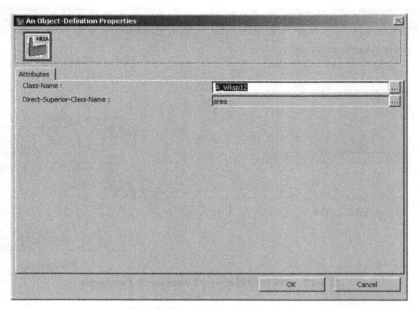

图 8-14　PM 创建模板——Area

创建 Area 的步骤如下：

① 鼠标单击 Site 节点，右键单击 ADD 菜单。

② 在弹出 Area 的创建窗口输入 Area 名称 A_WKSP13。

③ 选择类型为 Area，单击 "OK" 按钮，完成创建 Area。

5）PM 创建模板——Cell 如图 8-15 所示。

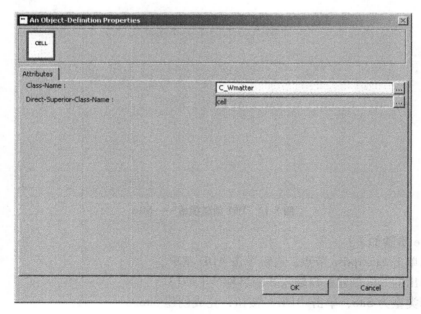

图 8-15　PM 创建模板——Cell

创建 Cell 的步骤如下：

① 鼠标单击 Area 节点，右键单击 ADD 菜单。

② 在弹出 Cell 的创建窗口输入 Cell 名称 C_Wmatter。

③ 选择类型为 Cell，单击"OK"按钮，完成创建 Cell。

6）PM 创建模板——Unit 如图 8-16 所示，创建后最终展现界面如图 8-17 所示。

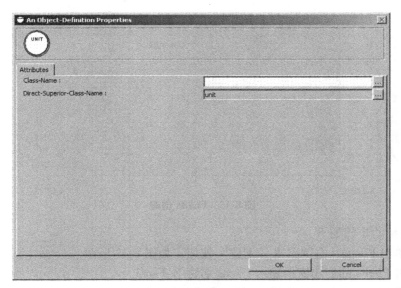

图 8-16　PM 创建模板——Unit

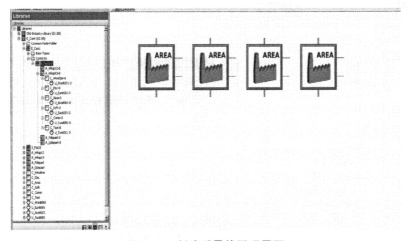

图 8-17　创建后最终展现界面

创建 Cell 的步骤如下：

① 鼠标单击 Cell 节点，右键单击 ADD 菜单。

② 在弹出 Unit 的创建窗口输入 Unit 名称 U_Wmatter。

③ 选择类型为 Unit，单击"OK"按钮，完成创建 Unit。

7）Plants 创建如图 8-18 所示。

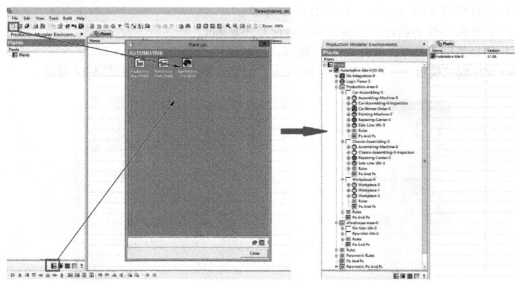

图 8-18 Plants 创建

创建 Plants 的步骤如下：

① 鼠标单击 Plants，右键单击"创建"按钮，如图 8-18 所示。

② 在弹出 Plants 的创建窗口输入 Plants 名称 E_Fact3。

③ 选择 E_COM3，单击"OK"按钮，完成创建 Plants，设置 Plants 如图 8-19 所示。

注意：设置当前 Plants 为可用。

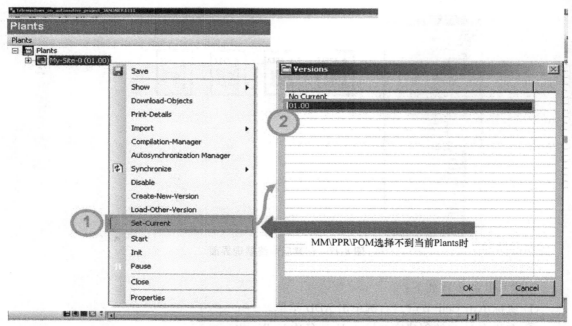

图 8-19 设置 Plants

小练习：请大家创建 PM 工厂模型，为确保运行环境无误，建议在 CarFac 物理文件内进行工厂模型创建。

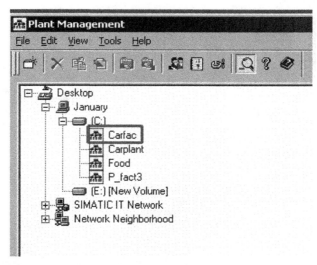

在实际的项目中，工厂模型一般建到 Area 层级就可以满足要求，所以在此练习中建到 Area 层即可。在 CarFac 物理文件中建立一个 Dongguan1 的 Library，建立的模型如下表所示。

Area	Cell	Unit
Dongguan1 Area	Dongguan1 Cell-0	Dongguan1 Unit-0
		Dongguan1 Unit-1
	Dongguan1 Cell-0	

2. 活动的生成

在上一节定义的模型中可以定义一系列的活动，这些活动为生产过程提供附加的功能，把这个序列的活动称为 Rule，它其实就是前面提到的图形化编程，是业务逻辑，同时也是程序逻辑。Rule 的激活是从 Root 这个步骤开始的，它可以代表这个工作流，它的命名就是整个 Rule 的命名。

（1）一个简单 Rule 的生成　在 Dongguan1 这个 Library 中进行操作，具体步骤如下：

1）在 Dongguan1 Cell 中建立一个 Rule Container，如图 8-20 所示。

2）对新生成的 Rule 命名，如 Test Root，如图 8-21 所示。

3）在控件中拖动 Send Message 消息框至 Rule 绘制界面，进行相关参数配置（图 8-22～图 8-24），如目标弹窗地址、弹窗模板的选择。

最终 Send Message 参数配置如下，其中：

Name：Send Message，消息控件名称。

Comment：Send Message，消息控件名称。

Destination：目标弹窗地址。

Call-type：同步调用。

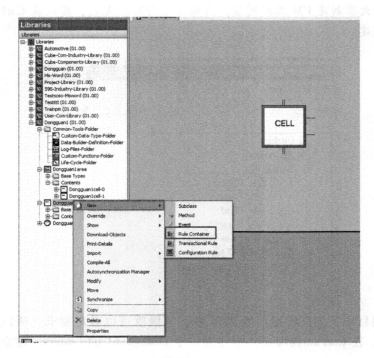

图 8-20　新建 Rule Container

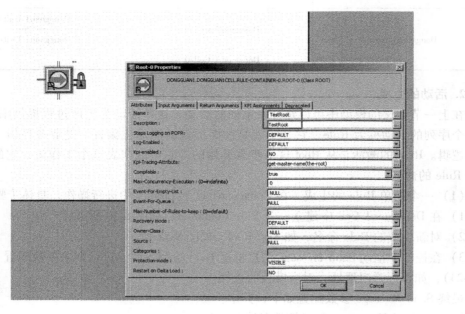

图 8-21　Root 属性->命名

Message-Type：弹窗消息类型（前台显示/后台显示）。

Message-Template：弹窗消息模板。

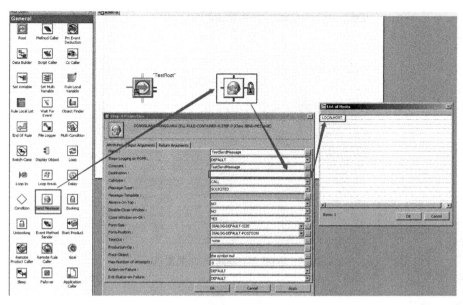

图 8-22 Send Message 属性配置（一）

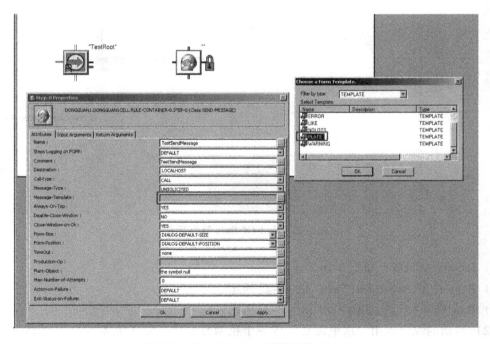

图 8-23 Send Message 属性配置（二）

Always-On-Top：是否在前方显示。

4）在控件中拖动 End Of Rule 消息框至 Rule 绘制界面，进行相关参数配置，如图 8-25 所示。

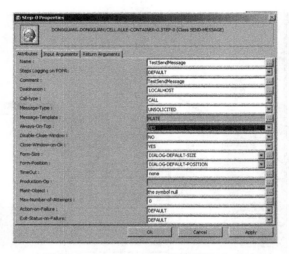

图 8-24　Send Message 属性配置（三）

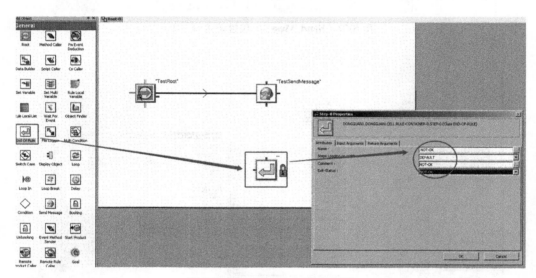

图 8-25　End Of Rule 属性配置

5）Library 中同步，如图 8-26 所示。

6）Plant 中的 Active and Show 如图 8-27 所示。

7）Run Time 中运行如图 8-28 和图 8-29 所示。

（2）活动的综合运用　这里需要完成一个稍微复杂的、便于大家综合运用的 Rule，这个 Rule 的编写，将会在上机过程中完成。详细的上机操作内容可以参见《实验 5 MES 程序设计之图形化编程模拟卡车入厂的逻辑》。

这个 Rule 模拟一个装载发动机的卡车入车卸货的逻辑。该逻辑综合应用建模、消息模板、简单 Rule、Rule 的方法封装、Rule 的嵌套、流程控制等，模拟实现如下功能：

1）卡车到达，获取卡车的车牌号，进行车牌号的存储和展示。

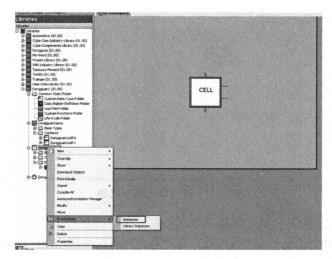

图 8-26　Library 中同步

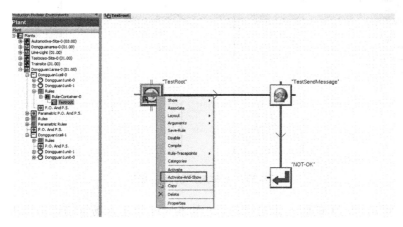

图 8-27　Active and Show

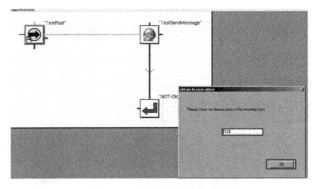

图 8-28　黄色表示正在执行

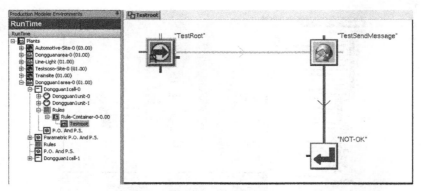

图 8-29　绿色表示执行成功

2）卡车入厂后，获取卡车上装载的发动机号。

3）判断该发动机是否是厂家所需要的，如果是，则进行卸货动作；如果不是，则进行报警。

设计思路，卡车入厂的业务场景如图 8-30 所示：

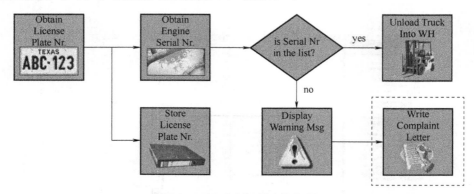

图 8-30　卡车入厂的业务场景

Rule 作为 SIMATIC IT 的图形化编程引擎，其本质即为业务场景的逻辑再现，使用图 8-31 所示的思路。

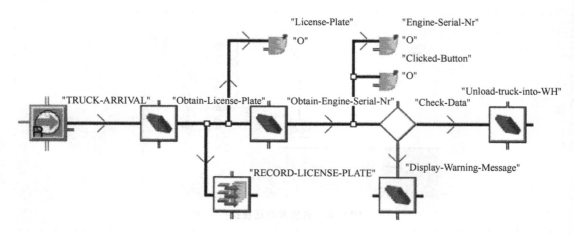

图 8-31　卡车入厂 Rule 逻辑

其中，Obtain-License-Plate 方法调用，对应卡车入厂时获取车牌号的动作；Record-License-Plate 变量存储赋值，对应卡车入厂时车牌号的保存；License-Plate 变量，对应卡车入厂时车牌号的显示；Obtain-Engine-Serial-Nr，对应入厂后获取发动机号的动作；Check-Data，对应获取发动机号之后的判定工作；Unload-truck-into-WH，对应发动机是厂家所需之后的卸货动作；Engine-Serial-Nr，对应发动机号的显示；Clicked-Button，对应发动机是否是厂家所需的一个触发；Display-Warning-Message，对应发动机不是厂家所需之后的报警动作。

8.3.2 SIMATIC IT 过程段

1. Process Segment 简介

Process Segment（PS）描述了一个带参数的生产过程，它依赖生产过程中需要的物料和设备，通过 PS 可以生产出各种不同的最终物料。

与 Rule 相比，PS 主要用来描述工厂的生产是如何执行的，而 Rule 更灵活可以用来开发任何生产流程。PS 里可以包含许多 Rules。

2. 过程段创建

PS 的创建步骤如下：

1）鼠标单击 E_Casat，右键单击"创建"按钮，如图 8-32 所示。

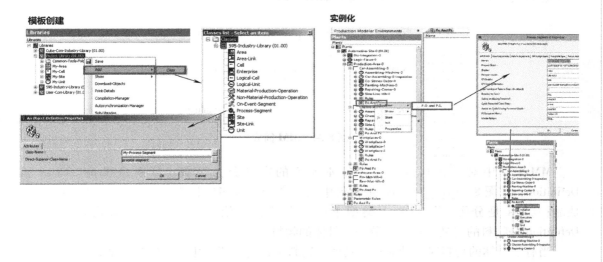

图 8-32 PS 创建

2）在弹出的 Process Segment 创建窗口输入 Plants 名称 P_Psegment，单击"OK"按钮。

3）选择 P_PSegment，单击"NEW→P. O and P. S"按钮，在弹出的 PS 窗口输入 PS 名称等信息，单击"OK"按钮，完成创建 PS。

3. 过程段和工艺段的异同

PM PS 和 PPR PS 的比较如图 8-33 所示。

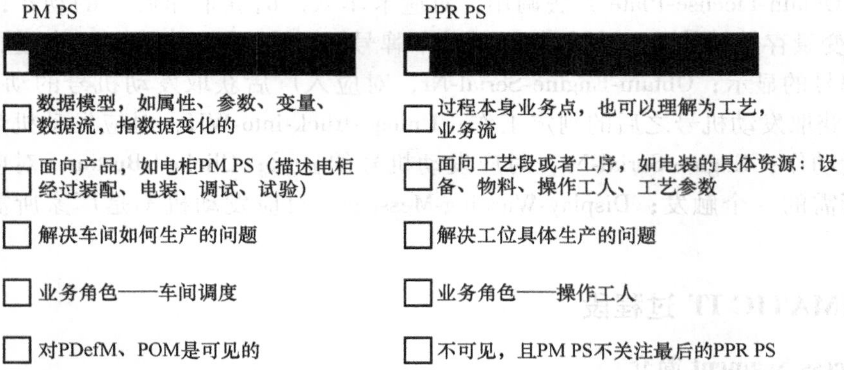

PM PS
数据模型，如属性、参数、变量、数据流，指数据变化的
面向产品，如电柜PM PS（描述电柜经过装配、电装、调试、试验）
解决车间如何生产的问题
业务角色——车间调度
对PDefM、POM是可见的
PPR PS
过程本身业务点，也可以理解为工艺，业务流
面向工艺段或者工序，如电装的具体资源：设备、物料、操作工人、工艺参数
解决工位具体生产的问题
业务角色——操作工人
不可见，且PM PS不关注最后的PPR PS

图 8-33　PM PS 和 PPR PS 的比较

8.4　物料管理

8.4.1　物料简介

物料（Material Manager，MM）简介如图 8-34 所示。

Property
Type
BOM
MM
Class
Lot&Sublot
Definition

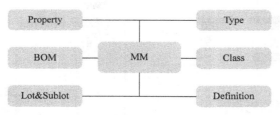

图 8-34　MM 简介

MM 模块中对于物料这一生产基本元素的定义分为三级，分别是 Type、Class 和 Definition，如图 8-34 所示，Type 是物料中大的类型，很多项目中的分类是原料、半成品、成品；Class 是分类，是物料大类型下的小分类，是依企业生产实际对物料的分类；Definition 是物料的定义，唯一区分一个具体的物料。

当有了具体的物料时，针对这一具体的物料可以进行诸如生产、领料、消耗、入库等动作。以生产为例，针对某一具体物料的生产，那么在这一具体的物料下就可以建立相应的批次，在 SIMATIC IT 中称为 Lot，Lot 可以进行创建、消耗、拆分等各类动作。

如图 8-35 所示，Body、Car、Engine、Frame、Wheel 为 Class，以 Car 为例，可以细分为 Couple、Station Wagon 这些具体的车产品，有了具体的车，才能进行生产等一系列动作，才能生成相关的 Lot。

8.4.2　物料类型

物料类型如图 8-36 所示。

Material Types 的创建步骤如下：

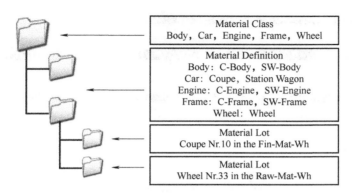

图 8-35　MM 分类

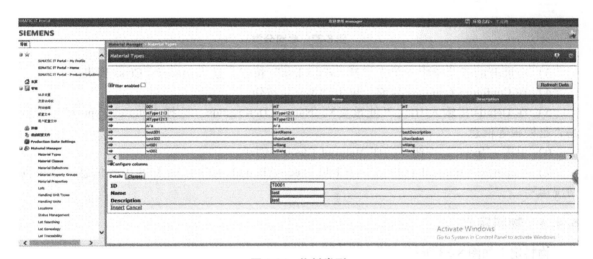

图 8-36　物料类型

1）使用 Manager 登录。

2）进入系统后，单击 Material Manager 菜单。

3）在展开的子菜单中，单击"Material Types"按钮，进入 Material Types 列表。

4）在 Configure Columns 界面，单击下面的 New 链接。

5）在 Details 里输入 ID（不能重复）、Name、Description 信息。

6）单击"Insert"按钮，完成 Material Types 的创建。

7）Classes 标签中的信息可以根据情况填写。

8.4.3　物料分类

物料分类如图 8-37 所示。

Material Class 的创建步骤如下：

1）使用 Manager 登录。

2）进入系统后，单击 Material Manager 菜单。

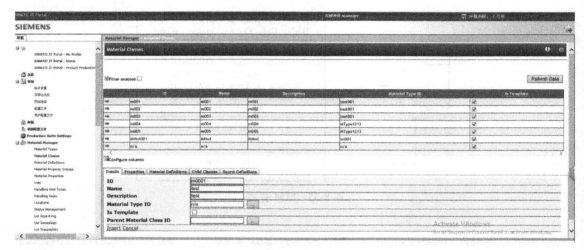

图 8-37　物料分类

3）在展开的子菜单中，单击"Material Class"按钮，进入 Material Class 列表。

4）在 Configure Columns 界面，单击"New"按钮。

5）在 Details 里输入 ID（不能重复）、Name、Description、选择 Material Type ID、设置是否是模板等信息。

6）单击"Insert"按钮，完成 Material Class 的创建。

7）Properties\Material Definitions\Child classes\Bound Definitions 标签中的信息可以根据情况填写。

8.4.4　物料定义

物料定义如图 8-38 所示。

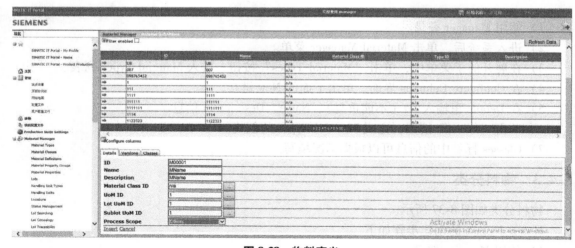

图 8-38　物料定义

Material Definitions 的创建步骤如下：

1）使用 Manager 登录。

2）进入系统后，单击 Material Manager 菜单。

3）在展开的子菜单中，单击"Material Definitions"按钮，进入 Material Definitions 列表。

4）在 Configure Columns 界面，单击下面的 New 链接。

5）在 Details 里输入 ID（不能重复）、Name（名）、Description（描述）、Material Class ID（选择）、UoM ID（选择）、Lot UoM ID（选择）、Sublot UoM ID（选择）、Process Scope（选择）信息。

6）单击"Insert"按钮，完成 Material Definitions 创建。

7）Versions\Classes 标签中的信息可以根据情况填写。

8.4.5 MM 物料定义/Lot/Operation 等相关操作

上一节是 MM 模块在 BS 客户端上对物料类型、物料分类和物料定义的操作，实际上，MM 模块所覆盖的范围非常大，还包括批次 Lot、子批 SubLot、批次的操作 Operation、BOM、库位 Location 等，这里将对 MM 在 CS 客户端上的操作进行介绍。

（1）物料定义

1）启动 MM Server，打开 MM Presentation Client，如图 8-39 所示。

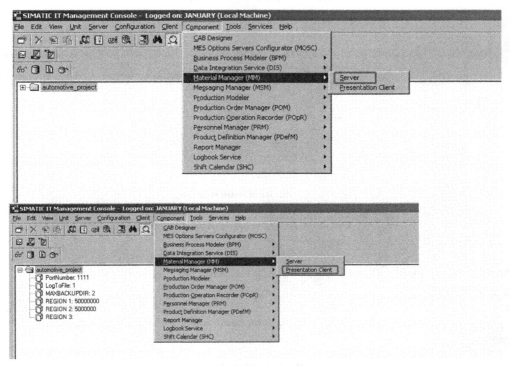

图 8-39　MM Client 界面

2）新建 Material Type，如图 8-40 所示。

3）新建 Material Class，如图 8-41 所示。

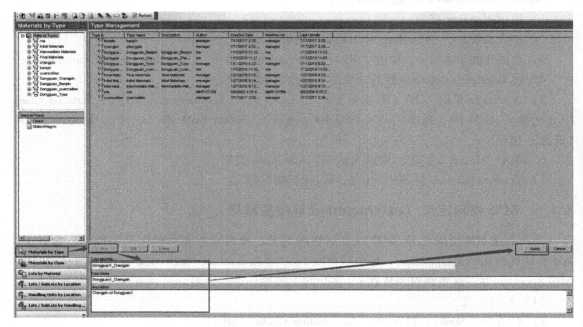

图 8-40　新建 Material Type

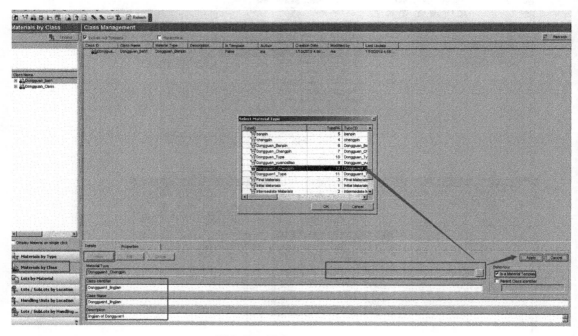

图 8-41　新建 Material Class

在此，新建一个 Material Class，名称为 Dongguan1_lingjian，表示 Dongguan1_Chengpin 这个大类型下面的一个零件小分类。

注意：在建立 Material Class 的时候要给它关联一个 Material Type，在本实验中关联一个刚刚在第一步新建的 Dongguan1_Chengpin。

4）新建 Material Definition，如图 8-42 和图 8-43 所示。

图 8-42　新建 Material Definition（一）

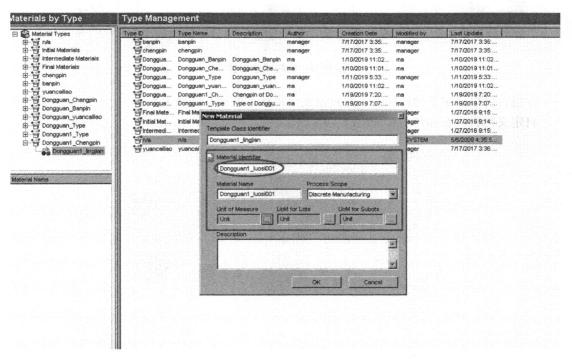

图 8-43　新建 Material Definition（二）

新建一个 Material Definition，名称为 Dongguan1_luosi001，表示 Dongguan1_lingjian 这个小分类下面的一个特定螺钉产品。

注意：在本实验中关联一个刚刚在第二步新建的 Dongguan1_lingjian，进行 Material

Definition 的定义。

（2）物料状态

1）物料状态转换如图 8-44 所示。

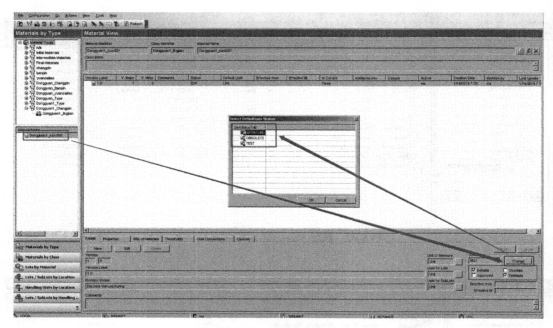

图 8-44　物料状态转换

注意：可以自定义物料状态，并自定义物料状态的相互转换关系。

自定义物料状态如图 8-45 和图 8-46 所示。

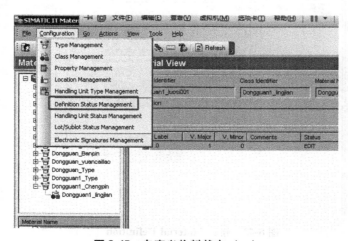

图 8-45　自定义物料状态（一）

2）自定义物料状态之间的相互转换关系如图 8-47 所示，是通过矩阵对应关系实现的，蓝色表示可以转换，白色表示不可转换。

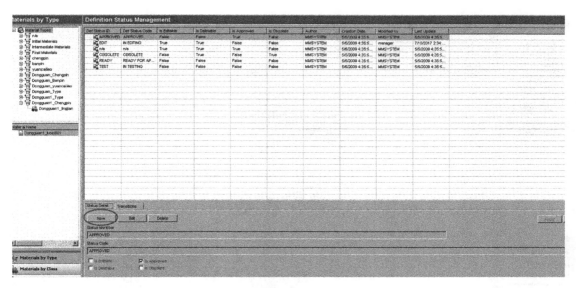

图8-46 自定义物料状态（二）

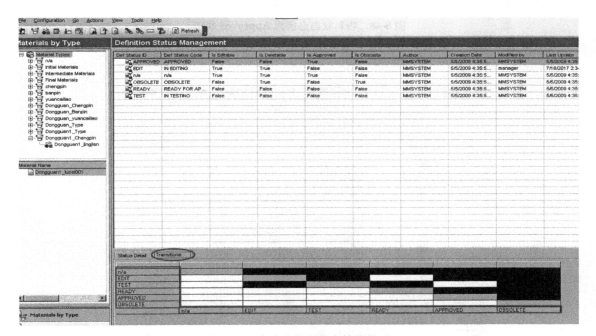

图8-47 自定义物料状态转换关系

（3）物料批次

1）创建物料批次，必须是物料 Definition 为 Approved 状态的情况下（图 8-48），所以 Dongguan1_luosi001 必须先转成 Approved 的状态。

2）创建批次操作（图 8-49），以批次消耗为例，批次消耗 10 个，如图 8-50 和图 8-51 所示。

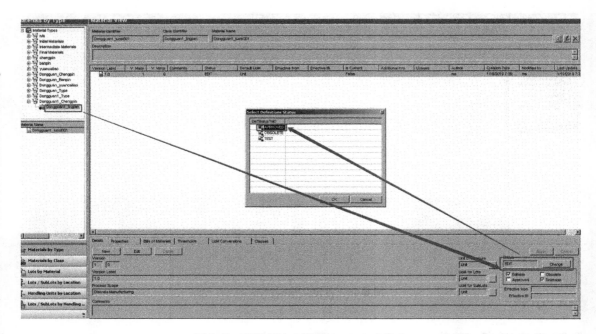

图 8-48 物料状态必须为 Approved 状态

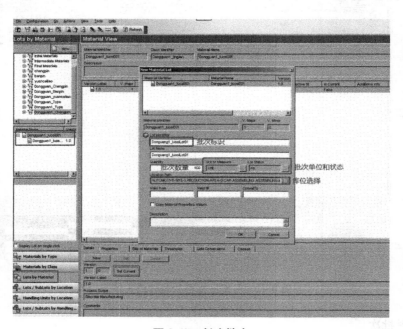

图 8-49 创建批次

可以在 Lot View 中看到物料批次相关操作的历史记录（图 8-52），这是物料追溯体系的一部分。

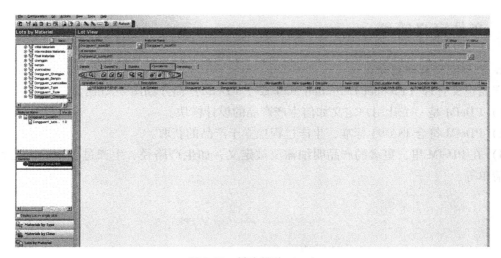

图 8-50　批次操作（一）

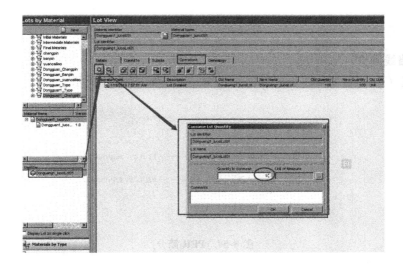

图 8-51　批次操作（二）

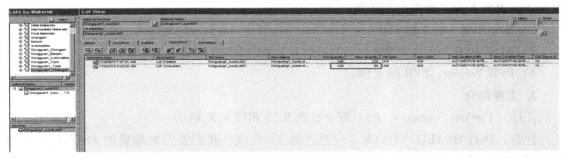

图 8-52　物料批次操作记录

8.5 产品定义管理

1. 产品定义管理简介

产品定义管理（Product Definition Manager，PDefM）简介如图 8-53 所示。

1）PDefM 是一个让用户定义如何生产产品的设计模块。

2）PDefM 符合 ISA-95 标准，生产过程独立于产品的获取。

3）在 PDefM 里，更多的产品明细需要被定义，如生产路径、生产过程中的工艺参数、物料清单等。

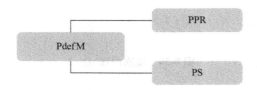

图 8-53　PDefM 简介

2. 工艺路线简介

工艺路线（Product Production Rules，PPR）简介如图 8-54 所示。

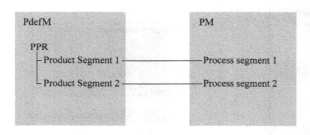

图 8-54　PPR 简介

1）PPR：主要用来定义生产具体产品需要的各种资源和生产段（一般指生产线）。在项目中，很多人把它看作工艺路线。

2）New PPR：独立的 PPR。

3）NEW PPR FROM POM ORDER：针对 POM 创建的 PPR。

4）PPR Variant：PPR 的变体。

3. 工序简介

工序（Product Segments，PS）简介如图 8-55 和图 8-56 所示。

注意：执行 HEALTH CHECK（一旦产品 PS 完成，我们需要对配置的 PS 进行验证的 PPR 才能被工单使用）。

1）Product Segments（PS）：为生产的每一个工艺段或工序定义了非常具体的资源，如设备、物料、操作工人、工艺参数等。

2）在 SIMATIC IT 里，PDefM 下的 Standard PS Details 会传送到 PM 下关联的 PS 里。

3）PDefM Product Segments 的前后关系可以通过依赖关系来定义。

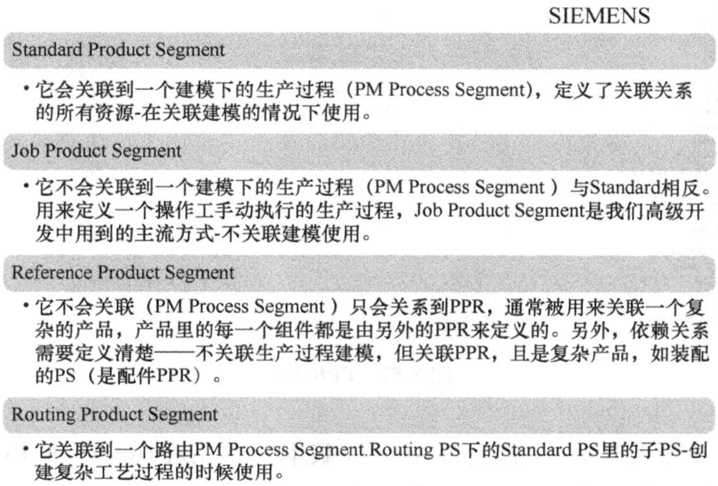

SIEMENS
Standard Product Segment
• 它会关联到一个建模下的生产过程（PM Process Segment），定义了关联关系的所有资源-在关联建模的情况下使用。
Job Product Segment
• 它不会关联到一个建模下的生产过程（PM Process Segment ）与Standard相反。用来定义一个操作工手动执行的生产过程，Job Product Segment是我们高级开发中用到的主流方式-不关联建模使用。
Reference Product Segment
• 它不会关联（PM Process Segment ）只会关系到PPR，通常被用来关联一个复杂的产品，产品里的每一个组件都是由另外的PPR来定义的。另外，依赖关系需要定义清楚——不关联生产过程建模，但关联PPR，且是复杂产品，如装配的PS（是配件PPR）。
Routing Product Segment
• 它关联到一个路由PM Process Segment.Routing PS下的Standard PS里的子PS-创建复杂工艺过程的时候使用。

图 8-55　PS 简介（一）

PPR-My-PPR
Phase 1：Standard PS
DEPENDENCY：PS2 starts only after PS1 is finished
Phase 2：Reference PS
Phase 4：Routing PS
Phase 5：Child PS
Phase 6：Job PS
PPR-My-PPR-2
Phase 3：Child PS
PM
Process Segment A
Process Segment B
Process Segment C
Process Segment D

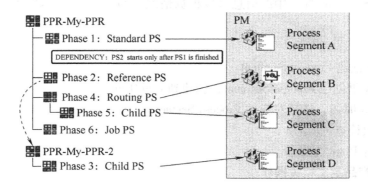

图 8-56　PS 简介（二）

4. 工艺工序示例

PPR PS 如图 8-57 所示。

PPR 下的 PS 创建步骤如下：

① 使用 Manager 登录。

② 进入系统后，单击 Product Definition Manager 菜单。

③ 在展开的子菜单中，单击“Product Production Rules”按钮，进入到 Product Production Rules 列表。

④ 在 Configure Columns 界面，单击下面的 New 链接，选择 New PPR。

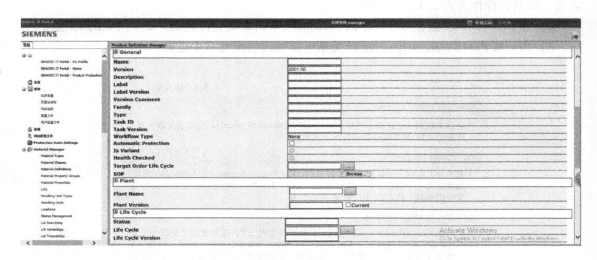

图 8-57　PPR PS

⑤ 在 Details 里输入 Name（名）、Version（版本）、Target Order Life Cycle（选择）、选择 Plant、选择 Lift Cycle、选择最终物料等信息。

⑥ 单击"Insert"按钮，完成 PPR 创建。

⑦ Product Segments 标签中的信息可以根据情况填写，单击"OK"按钮，完成 PPR 下的 PS 创建。

说明：

① Libraries 创建 Process Segment。

② 在 Plants 里创建 Process Segment，创建到 Cell/Unit。

③ 创建 PPR 时候，选择对应的 Process Segments。

④ 完成健康检查。

⑤ 提前设置 Plant 为当前。

5. PDefM 产品定义相关操作

这里将在 PDefM 的 CS 客户端下进行 PDefM 产品定义相关知识的介绍。PDefM 模块的本质是定义一个产品如何被生产出来，主要通过 PPR 和 PS 来实现的，其中 PPR 定义了要生产什么产品（在 MM 模块中经过 Approved 的物料定义），PS 定义了生产该产品所需的工艺信息，该工艺信息可以引用 PM 模块创建的 Process Segments，并在其基础上进行扩展。

1）创建一个名称为 Dongguan1PPR 的 PPR，如图 8-58~图 8-60 所示。

注意：这个产品的 Priority 设置，如果这个 Final Material 所对应的产品之前已经生成过对应的 PPR，但此处要计算一个新的 Priority，如图 8-61 所示。

2）创建 Product Segment，如图 8-62、图 8-63 所示。

Product Segment 创建后，会自动引入 Process Segment 中已配置的信息（图 8-64），同时还可以添加 Product Segment 自己的特有信息，但要注意，Execution Equipment 选项卡中必须

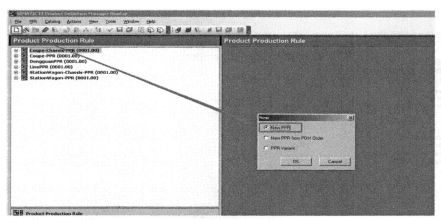

图 8-58 创建 PPR（一）

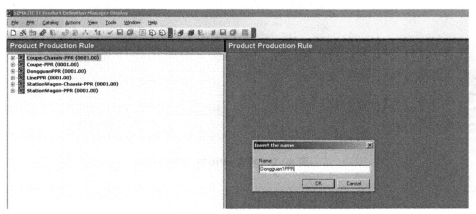

图 8-59 创建 PPR（二）

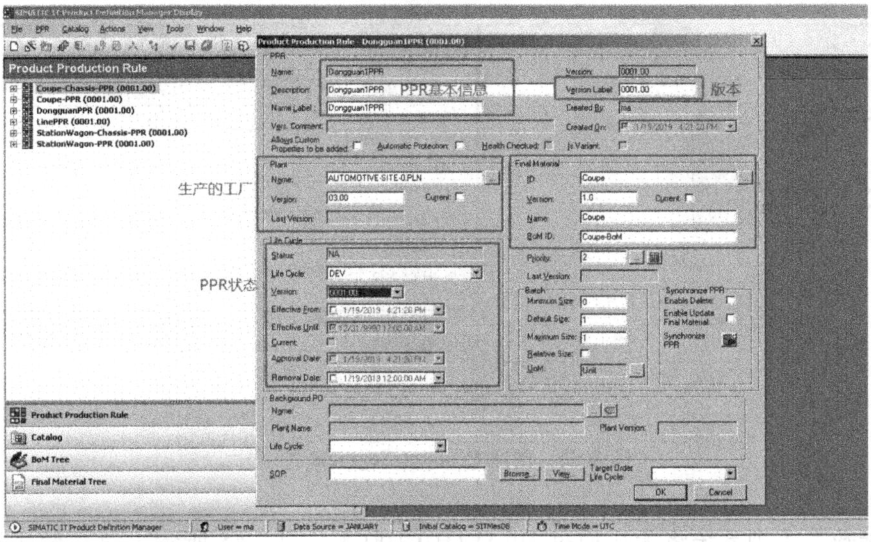

图 8-60 创建 PPR（三）

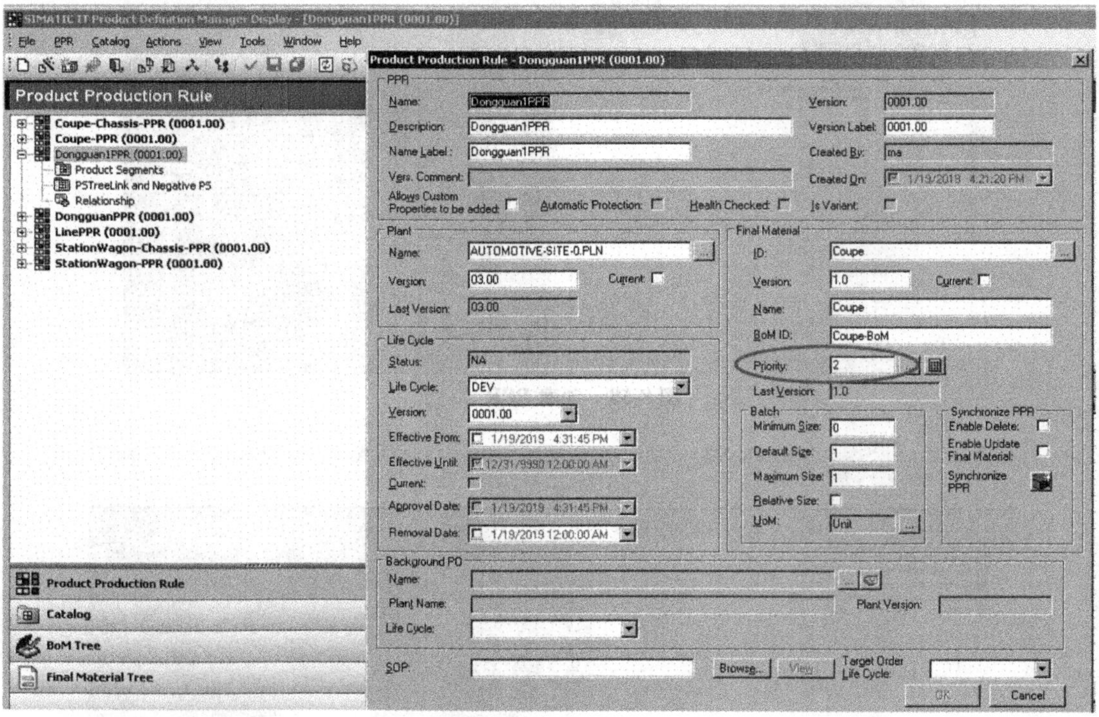

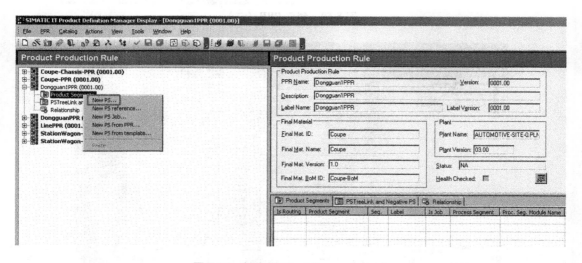

图 8-61　创建 PPR-Priority

图 8-62　创建 Product Segment（一）

指定相关参数，否则系统将无法通过 HEALTH CHECK。图 8-65 所示为执行健康检查界面，执行健康检查的结果如图 8-66 所示。

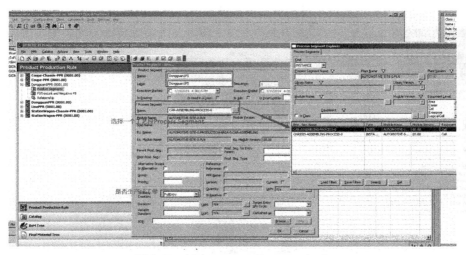

选择一个已有的Process Segment

是否生产为成品

图 8-63　创建 Product Segment（二）

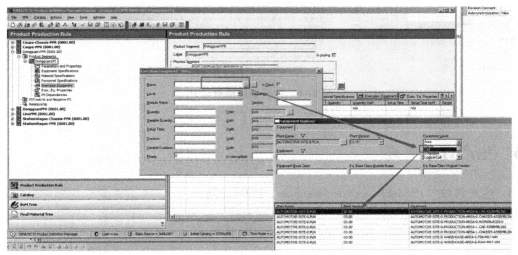

图 8-64　创建 Product Segment 并指定必输参数

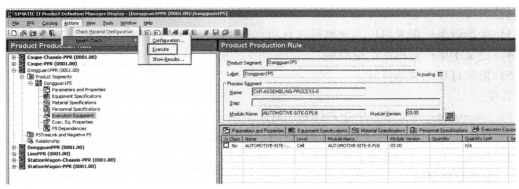

图 8-65　执行健康检查界面

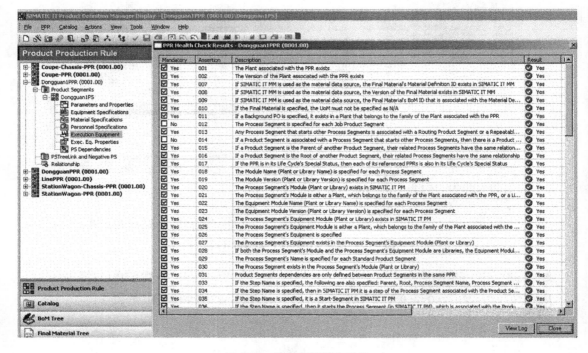

图 8-66　执行健康检查结果

8.6　生产订单管理

1. 生产订单（Production Order Manager，POM）**简介**

生产订单简介如图 8-67 所示。

1）定义了生产计划，例如，创建、导入或组织生产订单。

2）通过订单关联的 PPR 可以浏览产品的工艺和物料清单。

3）生产订单的派发可以手动也可以自动。

4）定义了生产订单的生命周期。

5）监视订单的状态流转。

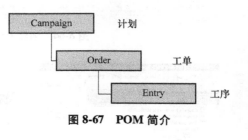

图 8-67　POM 简介

其中：

1）Campaign：定义了一个生产计划的时间范围。

2）Order：工厂的生产主要是由执行的生产订单组成。

3）Entry：定义了执行生产订单更具体的生产工序。

2. 生产订单创建

生产订单创建如图 8-68 所示。

POM 的创建步骤如下：

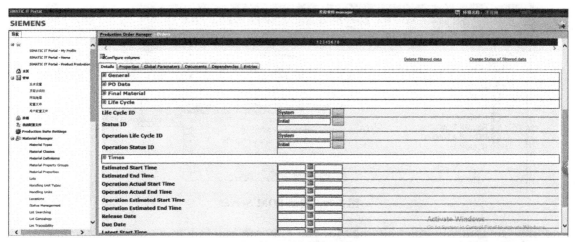

图 8-68 生产订单创建

1) 使用 Manager 登录。

2) 进入系统后，单击 Production Order Manager 菜单。

3) 在展开的子菜单中，单击"Order"按钮，进入 Order 列表。

4) 在 Configure Columns 界面，单击下面的 New 链接，选择 Production Operation。

5) 在 Details 里选择 Campaign ID、输入 ID、Template（标记）、选择 Plant、选择最终物料等信息。

6) 单击"Insert"按钮，完成 POM 的创建。

7) 单击 Properties\Global Parameters\Documents\Dependencies\Entries，标签中的信息可以根据情况填写。

3. POM 订单管理相关操作

在 POM CS 客户端上展示一下订单创建的方式，在订单创建时选择从 PPR 生成订单，这里选择 Coupe-PPR（0001.00），这个 PPR 中有一个引用的 PS 和一个标准的 PS，标准的 PS 会生成一个 Entry，引用的 PS 会生成两个 Entry（一个是引用的，另一个是引用的 PS 下的真实 Entry），如图 8-69 所示。

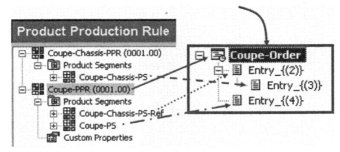

图 8-69 由 PPR 创建订单

1) 启动 POM Server，打开 POM Presentation Client，如图 8-70、图 8-71 所示。

2) 生成工单，如图 8-72~图 8-75 所示。

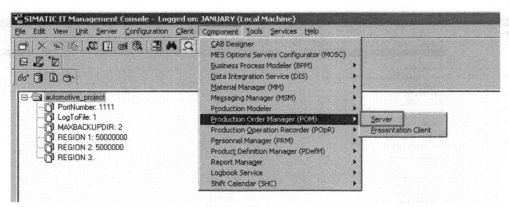

图 8-70　启动 POM Server

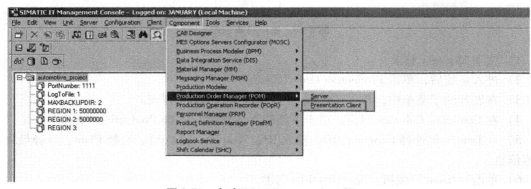

图 8-71　启动 POM Presentation Client

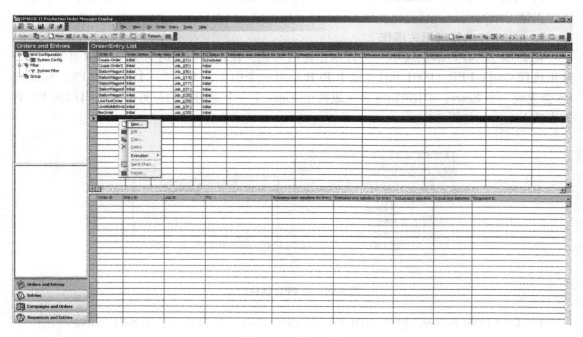

图 8-72　创建工单

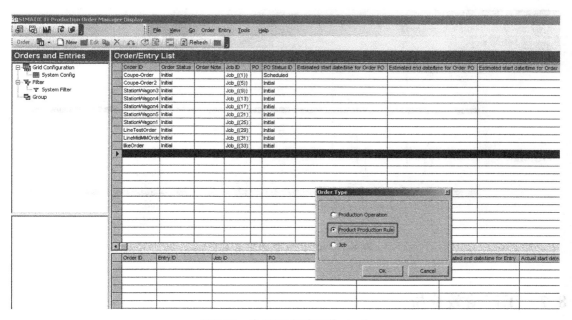

图 8-73　由 PPR 创建工单（一）

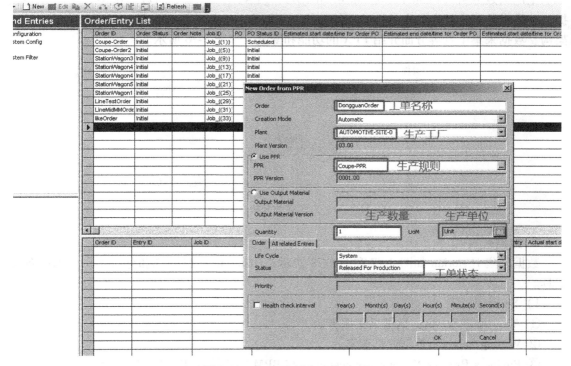

图 8-74　由 PPR 创建工单（二）

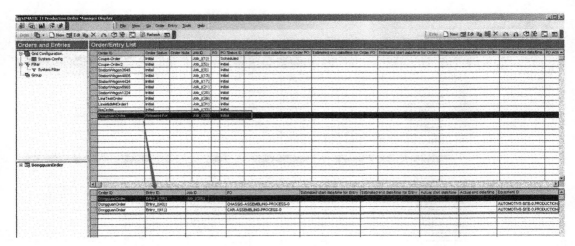

图 8-75　由 PPR 创建工单（三）

8.7　工厂绩效分析

1. 工厂绩效分析

工厂绩效分析（Plant Performance Analyzer，PPA）可以从不同数据源中采集和存储数据，并提供计算、整合和有效性验证等功能。下面章节分别从配置工具、工厂和单元、系统架构、数据采集工具等方面介绍 PPA 的功能和配置，如图 8-76 所示。

图 8-76　工厂绩效分析（PPA）

2. 数据采集

数据采集 Historian 如图 8-77 和图 8-78 所示，Historian 提供处理和分析工厂数据的各类工具。

1）Server 状态。

① Acquistion Server：数据采集服务。

② Writing Server：数据归档服务。

③ Business Process Modeler Connection：与 BPM 的连接（工单的相关属性）。

④ Production Modeler Connection：与 PM 的连接（采集、计算触发）。

⑤ Equipment Model：PPA 当前层级关系与 PM 是否一致。

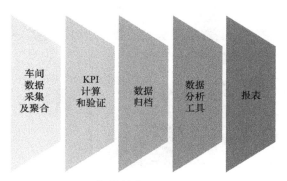

图 8-77　数据采集（Historian）（一）

Install SIMATIC IT Historian Server
- Plant Performance Analyzer
- Plant Data Archive

数据采集

SIMATIC IT Historrian从不同数据源采集实时和历史数据，并将数据转化为有效信息

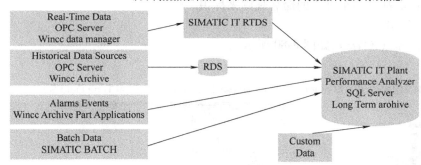

图 8-78　数据采集（Historian）（二）

PPA 基础数据配置为 Configuration Editor。

2）PPA Project 生命周期：

① Editor：可编辑状态，TAG 点编辑、测试必须在此状态下。

② Approve：批准状态，不可修改。

③ Current：当前服务使用的版本。

3. 工厂和单元

工厂和单元（Plant and Unit）如图 8-79 所示。

1）寄存器类型有以下三种：

① P：内部变量。

② F：通过 RTDS 与 PLCs 进行交互变量，底层数据采集。

③ B：热备 P 类型的变量。

2）变量类型有以下三种：

① I：Interger。

② F：Float。

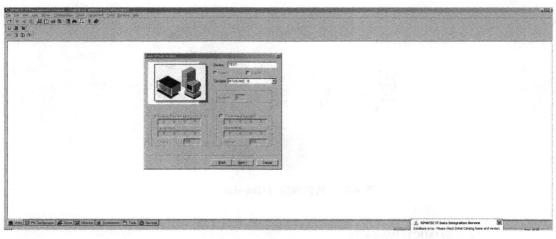

图 8-79　工厂和单元（Plant and Unit）

③ C：Character。

每个寄存器都被一个真实的命名规则来标识。

4. 实时数据库

实时数据库（RTDS）如图 8-80 所示。

RTDS在线更新：Management Console->Configuration->Real Time Data Server

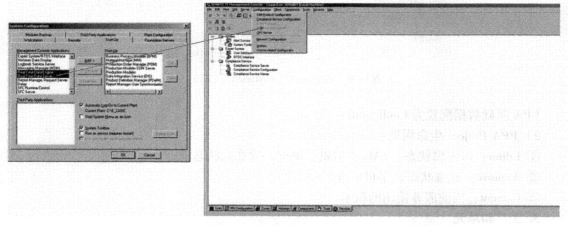

图 8-80　实时数据库（RTDS）

5. 采集点创建

1）PPA TAG 点类型：

① Data Archiving：数据归档点，直接采集目标数据源的数据。

② Predefined Calculation：预定义的计算点，通过系统内置的计算公式对数采点的计算结果归档。

③ Custom Calculation：自定义计算点，可编写自定义的脚本对数据处理并归档。

④ Process Context：为计算点定义上下文。

2）查看内容包括：

① TAG 点的状态：是否触发、是否采集、是否出错等。

② 计算点脚本运行状态。

③ 正常采集状态。

④ 空闲状态：TAG 点未被触发。

⑤ 配置错误：TAG 点配置信息存在错误。

⑥ Runtime 错误：仅出现在计算点当中，例如，VB 脚本运行错误超时等。

⑦ Plant Performance Analyzer 从不同数据源采集和存储数据，并提供计算、整合和有效性验证等功能。

⑧ 数据整合：适用于历史数据源、预定义的整合方法（平均值、最大值、最小值、求和）。

6. 关键绩效指标 KPI

KPI 如图 8-81 所示。

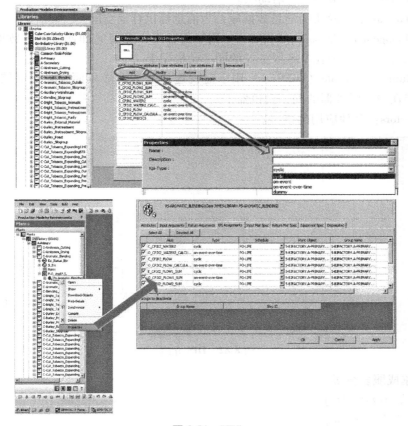

图 8-81　KPI

1）通过与 Production Modeler 的集成对生产 KPI 进行管理：

① 在工程模型中配置对象（设备、加工中心、生产线等）的 KPI 项。

② 在模型规则中对 KPI 计算周期的计划进行定义。

③ PPA 自动对生产中的 KPI 进行计算并记录关联信息，如设备、批次、工单等。

④ KPI 采集计算触发。

⑤ 数据采集点：工单启动时开始采集，工单结束时停止采集。

⑥ 计算点：工单结束时触发计算。

2）KPI 配置在 PM 中：

① 设备对应的对象中添加 KPI 属性。

② 将 KPI 添加到 PS 上（与生产逻辑相关联）。

8.8 数据集成服务

1. 数据集成服务简介

DIS（Data Integration Service）介绍如图 8-82 所示，DIS 由如下几部分构成。

① DIS Server：该模块为消息存储库管理，消息处理提供的功能和消息协调，一次只能有一个在 SIMATIC IT 网络中处于活动状态。

② DIS Database：该模块为消息数据库，为消息提供存储空间。

③ DIS Management Console（DISMC）：用于配置用户界面（即连接器，数据库等）、管理项目和 XSLT，自动安装在 DIS 服务器的同一台机器上。

④ DIS Runtime Console（DISRC）：用于监视连接器的图形界面，并在存储库上运行查询；自动安装在 DIS 服务器的同一台机器上。

⑤ Connectors：其他应用的接口。

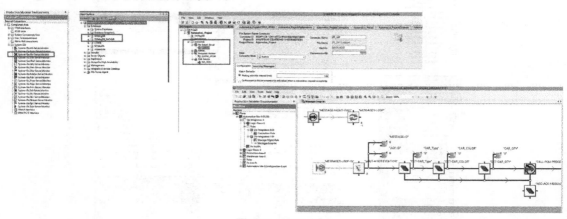

图 8-82 DIS 介绍

2. 数据集成服务分类

DIS 分类如图 8-83 所示。

数据集成服务分类如下：

1）DIS 作为通用数据传输层中的服务，可以实现不同类型的应用程序之间的数据交换。

2）DIS 可以管理任何类型的 UNICODE 文本消息，但是标准的 Unicode XML 是 DIS 提供的操作的建议格式，如验证、转换和 Xpath 查询。

3）它允许从任何 XML 格式进行数据转换（如工业标准 B2MML 协议）到任何 XML 格式，例如，SIMATIC IT 接受的格式生产套件组件，通过 XSL（T）架构。换一种说法，与企

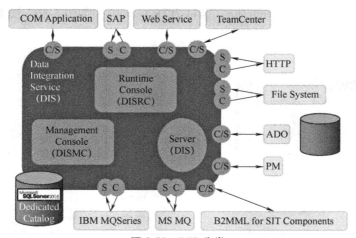

图 8-83 DIS 分类

业系统双向交换信息。

4）Data Integration Service 作为 SIMATIC IT 传输层的中间部分能够与第三方系统灵活集成，不仅灵活稳定，而且能够将消息持久化。

3. DIS 相关操作

DIS 相关介绍如下：

1）打开 DIS Server 界面，如图 8-84 所示。

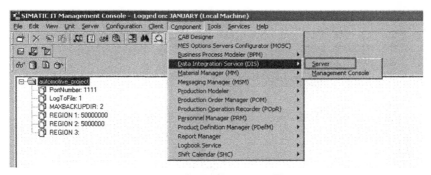

图 8-84 打开 DIS Server 界面

2）打开 DIS 管理控制台，如图 8-85 所示。

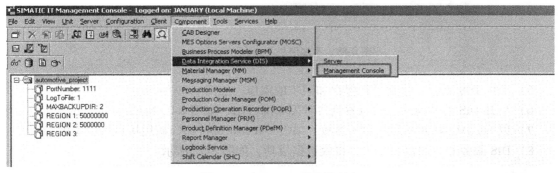

图 8-85 打开 DIS 管理控制台

3）添加一个 PM 类型的 Connector，名称为 Dongguan1，如图 8-86、图 8-87 所示。

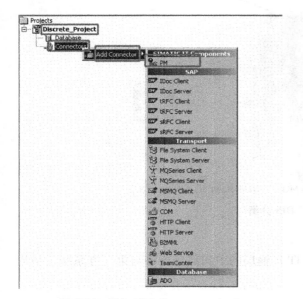

图 8-86　添加 PM Connector（一）　　　　图 8-87　添加 PM Connector（二）

4）在 Notifications 中添加消息 Type 和 Schema，分别为 Order 和 OrderReleased，如图 8-88 所示。

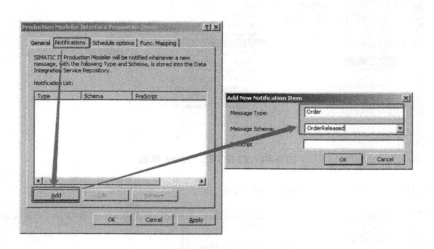

图 8-88　添加消息 Type 和 Schema

5）选中 DIS 工程，分别进行保存和同步的操作，如图 8-89 所示。

6）打开 DIS 发布地址，可以看到各种发布的方法，如图 8-90 所示。

7）以 SendMessage 为例，输入参数，单击"Invoke"按钮，调用接口如图 8-91 所示。

8）DIS 服务器返回消息编号，接收数据成功，如图 8-92 所示。

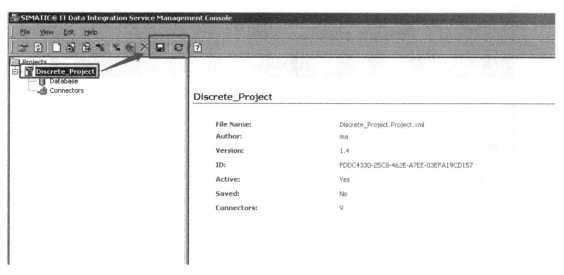

图 8-89　工程保存和同步

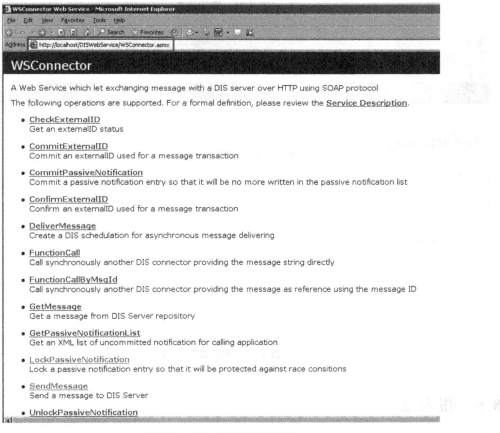

图 8-90　DIS 发布后展示方法

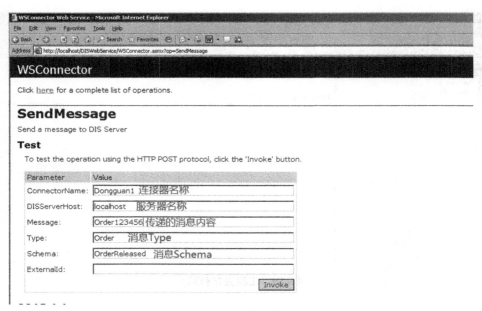

图 8-91　调用接口

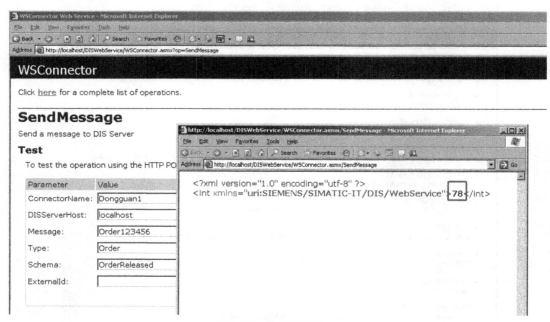

图 8-92　调用接口成功

8.9　报表服务

1. 报表服务介绍

报表示例如图 8-93 所示。

1）MS Report Server（Microsoft SQL Server Report Server）：微软的一个实用的开发、发布报表的工具。

2）通过配置及站点嵌入方式完成报表在 SITMATIC IT 中的发布。

3）开发工具：BIDS（SQL Server Business Intelligence Development Studio-VS）、Report Builder。

4）可以通过饼图、折线图、柱状图、表格及仪表图形式展现。

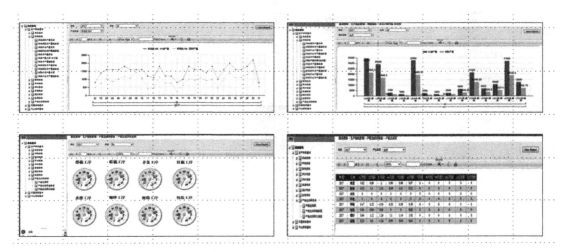

图 8-93　报表示例

2. 服务端配置

服务端配置示例如图 8-94 所示。

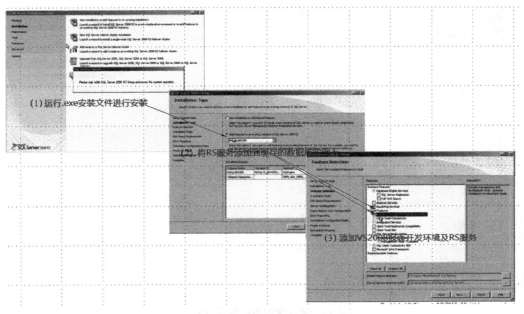

图 8-94　服务端配置示例

3. 报表管理器配置

报表管理器配置示例如图 8-95 所示。

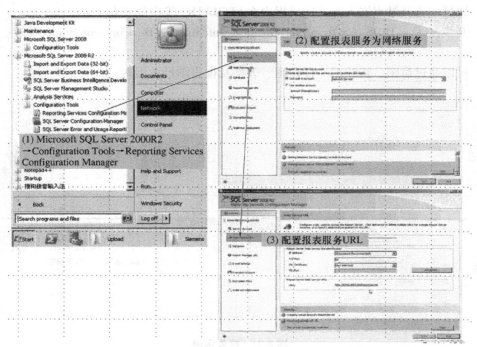

图 8-95　报表管理器配置示例

4. 报表管理器数据库配置

报表管理器数据库配置示例如图 8-96 所示。

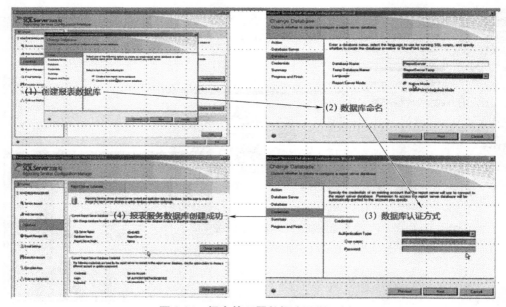

图 8-96　报表管理器数据库配置示例

5. 报表管理器启动

报表管理器启动示例如图 8-97 所示（图中序号接图 8-96）。

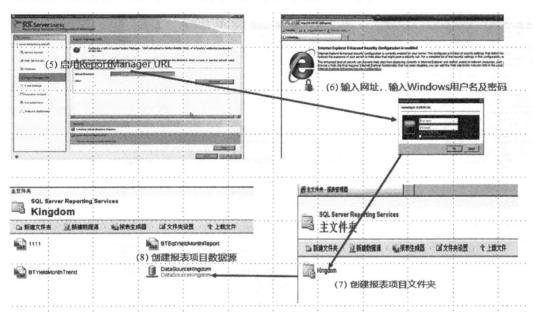

图 8-97　报表管理器启动示例

6. 报表管理器设置

报表管理器设置示例如图 8-98 所示。

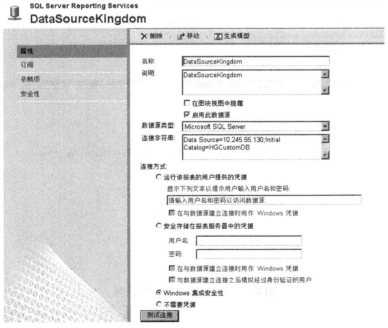

图 8-98　报表管理器设置示例

7. 报表 Web 端配置

报表 Web 端配置示例如图 8-99 所示。

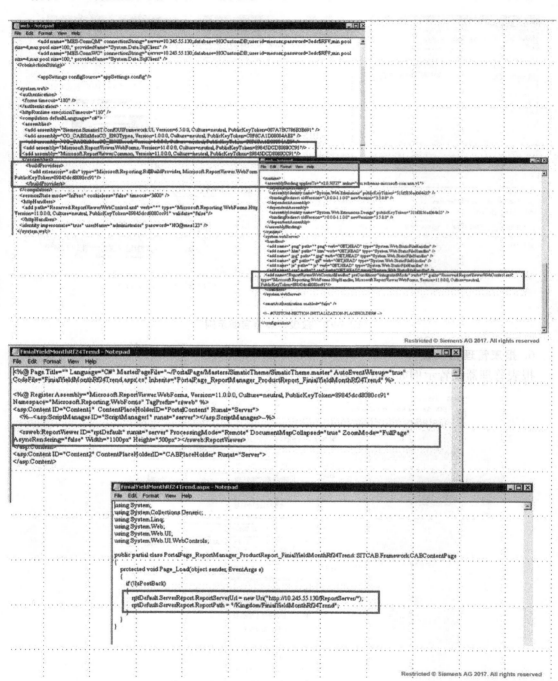

图 8-99　报表 Web 端配置示例

8. 报表开发

报表开发示例如图 8-100 所示。

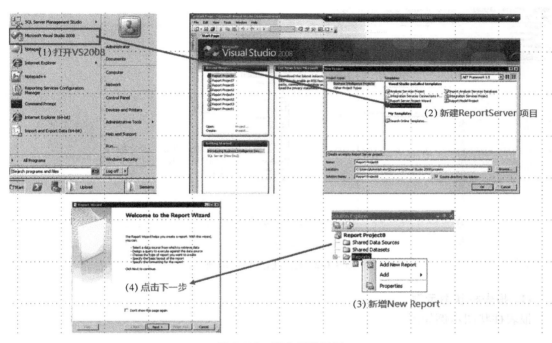

图 8-100　报表开发示例

9. 报表创建

报表创建示例如图 8-101 所示。

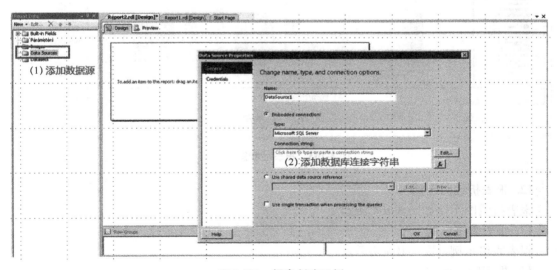

图 8-101　报表创建示例

10. 报表插入模板

报表插入模板示例如图 8-102 所示。

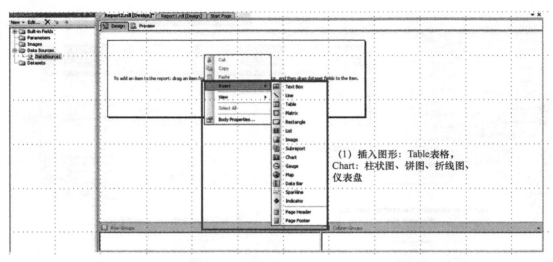

图 8-102　报表插入模板示例

11. 报表柱状图示例

报表柱状图示例如图 8-103 所示。

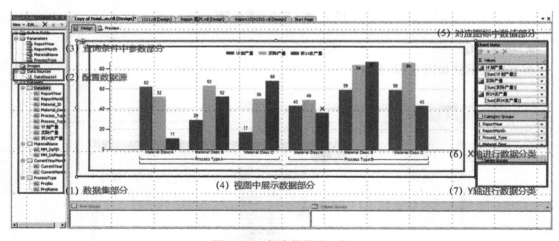

图 8-103　报表柱状图示例

12. 报表折线图示例

报表折线图示例如图 8-104 所示。

13. 报表表格示例

报表表格示例如图 8-105 所示。

14. 报表图片示例

报表图片示例如图 8-106 所示。

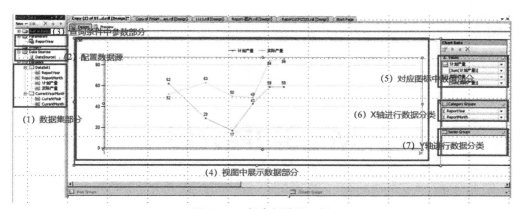

图 8-104　报表折线图示例

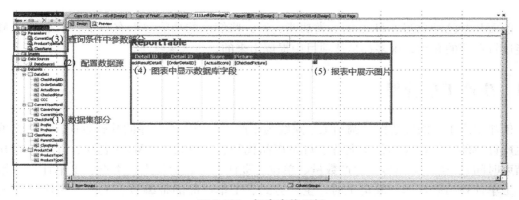

图 8-105　报表表格示例

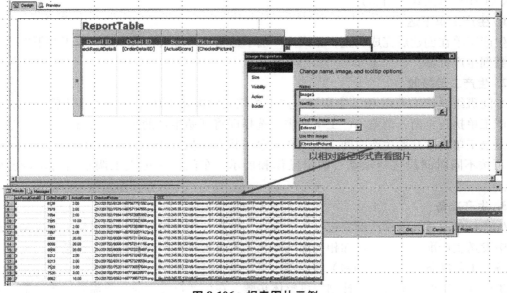

图 8-106　报表图片示例

第 9 章

MES功能介绍

前面几章已经介绍了 MES 的各类功能，但一些细节的功能并没有涉及。本章将对 MES 功能进行系统的介绍，很多都是从项目中提炼出来的，供大家参考。

9.1　生产工单管理

创建生产工单的源数据，调用工艺路线为生产工单中生产工序的基础数据，生产工单包括生产订单部分信息（如订单名称、订单产品代号、订单数量、WBS 名称、订单计划开始和结束时间）、生产工单号、生产数量、单位、责任班组、责任人、类型、工单计划开始日期、工单计划结束日期、额定工时、生产方式、工单产品的批编号、工单工序信息（工序号、工序名、工序编码、工序内容、工序数量、单位、生产班组、操作人、计划开始和结束时间、工序执行模式等信息）。

1. 生产工单下达

生产工单在创建后完成调整，正式生产前下达给生产班组，由班组长派工并下发具体生产任务到生产现场。

2. 生产工单接收

车间班组操作工人在 MES 中根据生产工单相关的准备工作满足生产条件后，进入 MES 中生产工单执行页面，浏览生产工单列表，选择即将开始生产的工单，单击"开始"按钮，系统记录工单实际开始生产时间，该生产工单的状态为执行中。生产工单到达生产现场后，MES 可按不同时间段进行滚动、锁定操作和展示，车间操作可人工调整当前执行的生产工单。

3. 生产准备

生产订单通过高级排产模块进行生产排程，生产计划创建并优化完成后，计划调度员在系统中发送生产准备指令，通知相关部门和相关人员进行生产准备工作，包括材料准备、程序准备、工装准备、设备（辅料）准备等。

生产准备工作将配合生产计划安排整体步骤，在生产执行之前，将需要的各种资源进行全面和仔细地确认。系统首先需要将各种资源进行数字化和透明化管理，包括工装、设备、人员等。系统通过专业的管理模块对这些资源进行细化管理，包括编码、数量、在用状态等。

MES确认生产计划后，会将相应的生产计划转化为相应资源的生产准备计划，并将这些生产准备计划下发给各自的资源管理模块或是发送到相应资源的管理系统中（MES中提供相应资源的管理模块，如果生产车间有独立的管理系统对资源进行管理，则MES与该系统做接口将相应的资源生产准备计划发送到对应系统中）。资源管理业务人员根据生产准备任务，组织各自的生产资源。

4. 生产工单派工

班组长根据计划任务组织和协调生产，并可对计划任务进行二次派工，将批次、零件的转配任务分派到个人，班组长能够在其权限范围内将装配任务指定给操作人员。

5. 生产工单派工管理

派工单据的格式和内容可以提前在MES中进行定义，形成模板文件，规定具体的显示内容及格式布局。模板文件将被分配唯一编号保存在系统中以供后续使用。

MES可以根据车间管理要求选择指定格式和内容的派工单据，进行显示、查询和打印，用于加工任务的分派和执行管理。支持流水作业和自由工序的作业模式。

6. 生产工单进度反馈

操作人员可以通过现场终端对装配任务的开始、完成状态及装配进度进行反馈。

7. 生产工单报工

班组长和操作人员可以通过现场终端进行任务报工，对生产操作过程中发生的工时信息和物料消耗信息进行提交、审核和调整。报工方式分为自动报工和人工报工。

自动报工：系统自动采集相应工序的生产数据，根据数据信号确定自动报工。

人工报工：对没有感知设备的工序，可以由操作工进行手动报工，手动报工的方式可以由操作工在系统中单击操作，也可以进行扫码操作实现快速报工。

8. 生产工单反馈

MES系统采集各生产过程的实际执行信息，包括工单状态变更，工单实际开始时间、结束时间，实际生产班组、人员、生产线投入进程等信息，并对工位的开始时间、结束时间进行采集并记录，记录工位/工序作业的操作，用于后续追溯。

对于可以实现生产线数据自动采集的工位，MES通过采集生产工位的开工信号和下线工位的完成信号，自动触发相应订单的执行状态；对于不能实现生产线数据自动采集的工位，可通过人工录入或条码扫描方式触发生产任务执行状态的变更。

系统支持多次报工，操作工可在报工点通过扫描条码实现报工，系统记录并统计多次报工数据。

生产完成情况、物料消耗信息和完工数量通过独立部署数据集成服务接口反馈到ERP系统。MES可以根据用户对物料反馈实时性的需求，在每个工单结束时向ERP系统反馈物料消耗情况。

每个生产任务下会生产单个或多个的产品，在MES中可以针对这个批次下的每个产品进行任务执行进度的展示，如未开始、在制、检验中、完成等。

9. 生产工单异常反馈

在生产现场往往有多种因素影响正常生产，如合同取消、设备故障、紧急订单等。操作人员可在系统界面中录入异常信息，如发生时间、异常描述、等级、发现人等，发起异常状态反馈流程。

对于设备类的异常信息，班组长/操作工在 MES 系统终端输入异常信息后，可及时将该异常信息发送至设备管理人员，并可根据异常级别设定不同的提醒方式，以便于设备管理人员及时解决异常情况，减少生产损失。

10. 生产工单准备反馈

生产准备工作的执行情况直接影响到生产任务的进度，因此需要在系统中实时查看不同部门针对具体任务的生产准备情况。

生产任务下达给现场的同时，也会将生产准备任务下达给各个业务部门，例如，工具（工装）准备下达给工具室，原材料准备下达给库房，设备准备下达给设备管理部门，工艺准备下达给工艺室或资料室。各个业务部门在系统中领取生产准备任务，根据任务指导开始准备相关资源，以及确认资源状态，如设备是否安排了维护任务等。当完成准备工作后，在系统中提交完成状态，如果未能按计划完成，则在系统中提交未完成的原因，系统自动触发消息到上级主管部门，协同解决。

车间操作人员在系统中确认生产准备的完成情况，当所有的准备任务完成后，即代表生产任务具备开工条件，即可准备生产。

11. 生产例外事件反馈

生产过程中的例外事件，如生产故障、产品缺陷、质量问题、物料用错等，需要向外广播或定向发送以通知相关人员，并要求在规定时间内解决问题，消除生产过程中的一切障碍，保障生产连续、有序地进行。

MES 可以自动触发例外事件，如设备异常，可以通过预定义的规则，当设备发生某几种报警时系统自动触发例外事件，通知设备管理部门响应并解决。同时，用户也可以在系统中录入例外事件，并指定具体部门和人员进行解决。一般情况下，需要在系统中预先定义内部的服务等级协议，规定不同等级事件的处理节奏，例如，一级例外事件需要在 10min 内响应，并在 30 分钟内解决等。

如果相关部门忽略了对例外事件的处理，MES 将会把事件上报给上级部门领导，请上级领导督促解决，在管理制度上约束了各个部门对例外事件反馈和响应的行为。

在 MES 中全程跟踪例外事件的状态，包括已解决，重新分派责任人，超期未解决等。

12. 工艺更改反馈

工艺更改由工艺人员发起，发起的原因可能是现场人员发现工艺不合理，无法完成生产，也可能是工艺人员主动发起的工艺优化调整。

在工艺更改生效之前，工艺人员与生产人员需要进行充分的沟通与协调，确认有更改的必要后停止当前的生产工作。接下来由工艺人员在工艺系统中进行工艺更改，审核更改后的工艺数据通过集成接口下发给 MES。车间人员在 MES 中查看工艺更改数据，经审核无误后确认生效。

后续的计划、任务调整、派工由车间人员在 MES 中完成。

工艺更改反馈的核心是能够保证工艺人员和制造人员在一个协同的平台上工作，保证工艺更改的发起、反馈、通知和确认能够及时处理，能够被记录和跟踪。

9.2 物料管理

物料管理包括物料识别与跟踪、物料智能配送、物料齐套保证，以及与立体库系统集成等主要功能。对物料，对制品和产品进行标识，一方面保证在生产过程中可追踪、可识别；另一方面确保产品交付客户后，其标识在其生命周期内仍然是可以识别的。系统不仅支持物料条码化，对于其他关键信息，如人员、计划、任务等，都可生成相应的条码或二维码，方便生产过程中的追溯和管理。在系统内进行物料呼叫，达到及时、按需生产的要求，防止由于缺料引起的停工待料。通过与立体库系统集成获取实时物料信息，计算生产任务的物料齐套性。

1. 齐套性检查

通过 MES 与 ERP 集成，物控人员能够实时获取库房物料信息，进行工单内物料齐套性检查，物料齐套后工单才能进行正常派工生产（系统支持计划员对不齐套的工单进行强制下单），对于不齐套的工单系统可进行标识提示，进行物料预占或锁定，待物料齐套后，物控人员可优先进行分料。MES 将工单缺料信息反馈到 ERP 系统，指导 ERP 系统进行采购计划的制定。

MES 支持工单开工前的检查功能，对各项准备工作如物料、作业指导书、测试程序（SPI、AOI、功能测试）、站位表、钢网、模治具等进行齐套检查，若未齐套，系统将自动发送提醒消息至对应负责人。

2. 料箱管理

MES 进入料箱管理界面，单击"添加料箱"按钮，系统记录创建人、料箱编号等基础数据，物资保障组人员打印料箱二维码并粘贴到料箱上。

手动操作料箱解绑，MES 进入料箱解绑管理界面，选择需要解绑的料箱，单击"解绑功能"按钮后，系统解除料箱与物料、料箱与工单的绑定关系，料箱的状态恢复到可用状态。另外，系统在工单完工报工的同时，料箱与工单、料箱与物料自动解除绑定关系，释放料箱状态为可用状态。

3. 物料领料管理

物资保障员根据生产计划要求，从 MES 发送领料信息表给 ERP 系统，实时监控领料信息的反馈情况。

4. 物料缺料管理

物资保障员查看 MES 接收的物料齐套计划，将物料领料信息传递给 ERP 并获取 ERP 反馈的缺料信息。如果生产过程中出现某种原因的缺件，生产班组可以在 MES 中进行记录，填写数量及原因。

5. 物料分料管理

物料分料管理是在生产物料领料后，在生产车间物资管理人员处进行生产前的物料准备；在进行分料之前，物料在生产处一级库房已经粘贴好物料二维码，物资保障组人员将物料放入料箱，并通过扫码将物料二维码与料箱二维码进行绑定。工单执行时领料工序由物资保障组进行配料（工单领料将料箱二维码与工单号进行关联）。

6. 物料分箱管理

生产工单到物资管理人员处，对生产工单进行领料时物资管理人员进入 MES 中，查询对应的生产物料，即物料分料的结果，如果分料结果不满足生产工单的领料时，采用物料分箱管理功能，对已分好的物料进行物料分箱操作，分箱满足生产工单的领料需求。例如，分料操作准备的料箱 BO001 中分有两台产品的物料，而生产工单的生产数量是一台，则分箱操作把 BO001 中的产品分出一台到 BO002 中，使得 BO001 和 BO002 均满足生产工单的需要。

7. 物料配料管理

物资管理登录 MES，进入生产执行管理中的物料配料界面，选择具体工序，单击"配料"按钮进入物料配料界面。物资保障员对具体物料进行扫码操作，将具体物料与已选工序进行绑定。物资保障员单击"确认"按钮，完成物料配料操作。

8. 物料发料防错

备料区域物料管理实现物料配料正确性验证管理。SIMATIC IT MES 根据装配线物料的需求信息，按工艺路线建立物料需求清单，配合 BOM 生成物料备料清单提供给备料区备料，备料人员每备好一种物料，即用扫描的方式通知 SIMATIC IT MES；它根据扫描的信息与需求的物料信息进行自动验证，确保备用的物料即为正确的物料，当发生物料备料错误时，系统会发出声音报警，同时发出相应的邮件通知相关人员。

系统验证的信息包括：

① 企业料号 CPN（即内部料号）验证。

② AVL（Approved Vendor List）验证。

③ RoHS 符合性验证。

备料管理操作采用无线扫描的方式进行，同时提供可视化客户端供用户查询和其他操作使用，对备料操作的全过程提供看板监控，通过看板，管理及相关人员可以清楚地掌握物料备用的进程和状态。

9. 在线物料核实

在生产车间，为了保证正确的物料被安装到正确的工位和设备上，SIMATIC IT MES 提供了在线物料核对功能，如图 9-1 所示。

操作工通过手持终端逐个扫描物料条码和工位/设备的条码，然后将配对关系通过无线网络发送到 SIMATIC IT MES 后台，根据后台中存储的两者的匹配数据进行核对。如果验证通过，则完成物料的装载过程。如果验证不通过，手持终端的软件界面弹出错误信息，提示操作工更正装载错误，重新装载物料。

在线的物料核对功能能够在很大程度上避免物料的人为操作错误。确保杜绝生产质量事故发生在源头上，提高产品的合格率和直通率。

生产装配过程采用条码控制，减少人为错误：

1）生产线上防错系统对生产线上的关键控制点进行控制，防止漏装、装错、漏检等问题发生，解决方案为对生产设备及设备上的料站建立条码，建立料站的条码时应充分考虑作业的易操作性及防错要求。

2）通过 MES 提供的设备接口将生产设备的生产程序与 BOM 信息完整集成到 MES 中，形成生产的料表数据。

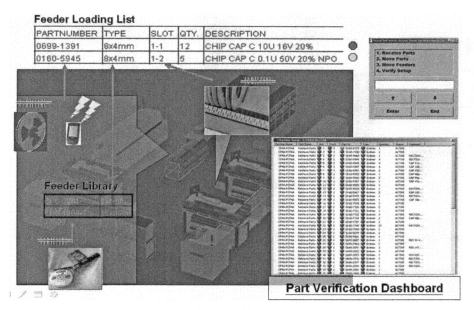

图 9-1 物料核对示例图

3）在需要的时候（通常为生产换线、交班、过程抽样或者生产过程接料），通过无线扫描设备按照作业步骤依次扫描设备号、料号、料站号等信息，自动校验料号、AVL、产品等数据，发生错料时，发出警报声通知操作人员。

4）组装装配物料按照装配工艺路线，在 MES 中建立物料需求清单，在来料上线时，使用无线扫描的方式依次扫描料号、工站号信息，系统自动进行物料确认，发生错料时，发出警报声通知操作人员。

9.3 人员管理

1. 人员主数据

通常人员主数据在 ERP 系统中进行维护，MES 将建立与 ERP 系统的接口，通过自动接口实现与 ERP 系统人员主数据的同步。根据企业业务需要，MES 可以提供对人员主数据的维护功能，例如，添加、修改、删除人员信息，维护人员属性等。人员主数据界面如图 9-2 所示。

2. 人员技能等级管理

MES 通过管理人员技能矩阵，实现对人员资质认证和有效期的管理，将人员资质与产品、产线、工艺和工序进行关联，通过对人员生产情况进行分析，自动对人员技能等级进行升级、降级管理。人员技能矩阵如图 9-3 所示。

3. 员工技能考核

MES 提供员工技能考核功能，通过查询操作员技能等级，分析完成生产情况，实现员工考核预警。员工技能考核界面如图 9-4 所示。

图 9-2　人员主数据界面示意图

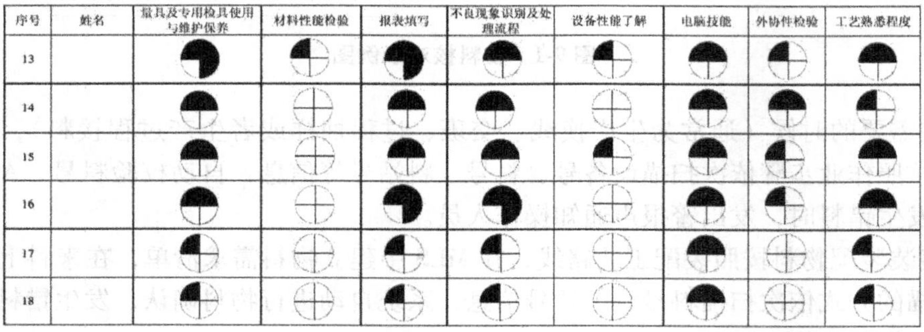

序号	姓名	量具及专用检具使用与维护保养	材料性能检验	报表填写	不良现象识别及处理流程	设备性能了解	电脑技能	外协件检验	工艺熟悉程度
13									
14									
15									
16									
17									
18									

图 9-3　人员技能矩阵示意图

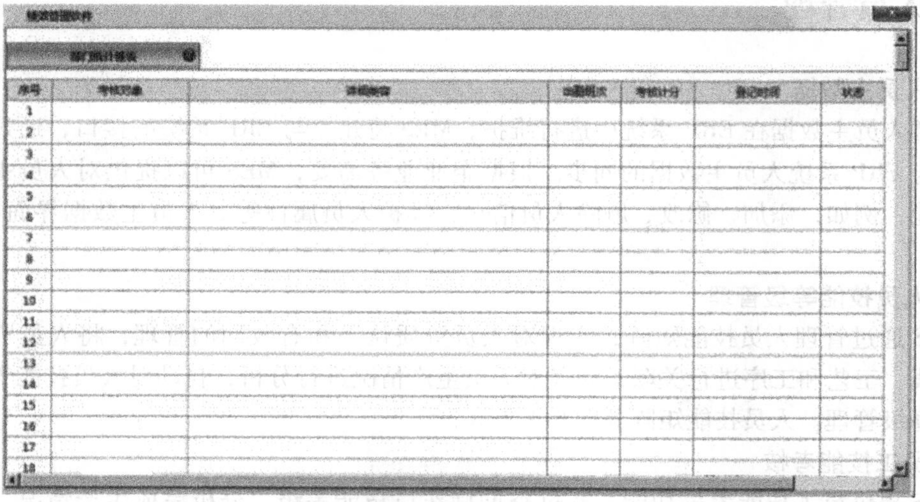

图 9-4　员工技能考核界面示意图

4. 岗位管理

MES 支持岗位信息的维护，例如，添加、修改、删除岗位信息，维护岗位属性等。上岗时，系统通过扫描录入人员 ID，根据工艺文件要求自动与岗位人员信息进行匹配，检查员工是否符合上岗要求。系统提供在岗人员看板功能、PDA 扫描下岗功能。

5. 人员报表

MES 提供人员报表功能，如员工信息、员工上岗、员工考核、员工培训、员工综合信息等多维度的报表展示。

9.4　车间成本管理

通过收集和统计分厂的成本要素（原材料、辅料、人工工时、能源、设备工装工具），将成本归集到具体的任务项，按照任务维度统一投入产出分析，为成本改善提供数据支撑，实现成本的精细化管理。

1. 原材料

产线的原材料消耗方式通过 MES 自动采集的方式记录，工序报工时，同时记录和统计该工序的原材料消耗。

2. 辅料

生产过程中辅料上料后，系统自动采集数据进行统计分析。

3. 人工工时

MES 自动采集人工工时，包括工作工时和管理工时，工作工时最小维度为小时/（序 * 数量），管理工时最小维度为小时/天。

4. 设备工装工具

MES 自动采集设备工装工具的使用次数，最小维度为频次/任务，用以核算设备工装工具的磨损费用和维护费用等。

5. 成本分析

将成本因素进行汇总，统计分析单一产品批次的成本总和。在一段时间内，可以对同一产品图号的产品进行历史成本趋势分析，找出成本变化的原因或者成本改善的成果，为成本控制和管理水平的提升提供数据基础。

9.5　产品追溯管理

系统记录从物料投料开始，然后是经历一系列的加工过程直至生产结束，最后是入成品库的整个阶段与产品相关的信息。在整个记录过程中，通过条码或二维码扫描方式采集产品和物料信息，取消纸质流转单的使用，实现无纸化生产。

1. 在制品跟踪

在制品监控是针对生产线上的零件，系统采集并记录工序的在制状态、物料信息等生产数据，并对加工单元、操作工人是否为关键工序的信息进行记录，系统实时显示生产线上在制品的信息及生产线的设备信息。在系统中可以实时查看在制品的上线时间、下线时间、物料号、物料批次、加工工位、加工设备、加工状态、技术参数、质检记录等信息。

同时，在制品的数量和位置信息能够在 MES 中实时查看，将在制品信息在车间进行透明化，减少因在制品丢失而导致的成本损失，在制品跟踪界面如图 9-5 所示。

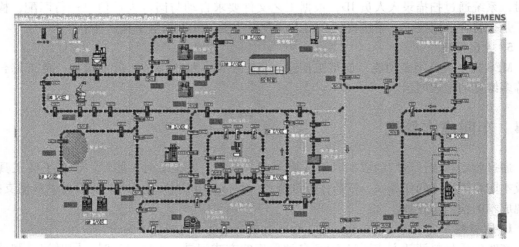

图 9-5　在制品跟踪界面

2. 产品信息归档

首先在系统中配置产品和物料的类别、种类和定义，这些是进行在制品跟踪和产品制造信息归档的前提和基础。

MES 将严格记录在制品在车间流转的完整路径，并记录与在制品相关联的全部信息，包括对应的计划工单、BOM、加工设备、操作工、检验员、接收数量、废品信息、质量信息、入库信息等，形成产品全生命周期的一条时序信息链。

3. 产品信息追溯

产品信息追溯谱系如图 9-6 所示。可以使用产品代码、规格、单据号、物料信息等信息对产品信息进行正向、逆向追溯查询，获得产品生产信息、质检信息、流通信息等，使用这些关键信息对生产进行反馈，从而促进工艺技术的升级及产品质量的提升。

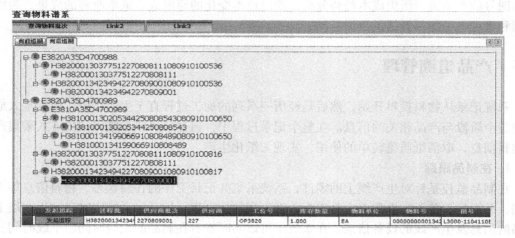

图 9-6　产品信息追溯谱系

以零部件为主线，实现从工位/工序上的零部件向产品的批次及流向的追踪，包括零件在每道工序上加工或装配所使用的设备、工具、操作人员及时间等信息。

同时以产品为主线，以工位/工序为跟踪单位，实现对零部件生产情况、工序制品产量、生产时间、操作人员、工艺参数情况等的追踪。

4. 产品质量追溯

实现对产品质量状况和质量各种指标的管理和监控，提供各种质量信息查询、录入、追踪等功能，并实现产品检验标准维护、质量数据统计分析报表生成等。产品质量追溯功能包括：产品检验标准、质量信息查询与分析；质量检验信息分析、产品加工过程质量管理、零件/产品质量管理、质量统计分析报表等。

该功能可通过正向和反向追溯，对产品的批次质量进行有效管控。当产品交付给客户后，如出现质量问题，可以回溯到生产阶段的整个批次。

5. 外协产品追踪

在车间的生产组织过程中，经常会遇到外协的情况，即将某些本车间无法完成的特殊工艺交由外协车间或外协厂家来完成。一般情况下很难控制外协任务的进度，工件从本车间出去后，返回的时间就无法估计了。因此，对外协任务的进度管控将至关重要。

MES 提供协作功能，与外协厂家共享任务进度。在 MES 中发起外协工序的审批流程，审批通过后，将工件运往外协车间或外协厂家，系统将详细记录外协工序、外协车间、外协厂家、外协原因、外协进度等相关信息，这些信息是产品制造全生命周期追溯的重要依据和信息。

9.6 生产质量管理

MES 与 PLM 和 QIS 系统集成，对原料、生产、检验、交付各环节进行质量检验和质量跟踪，提高产品质量。对缺陷及维修过程进行跟踪和管理，实现有针对性的生产质量改进过程；实现对生产过程中产品的质量状况和质量的各种指标进行管理和监控，支持各种质量信息的查询、录入、追踪等功能，并可实现产品检验标准的维护和质量数据统计分析报表的生成等。

1. 质量基础数据

通过与 PLM 集成，将质量基础数据的各项内容导入 MES，供生产过程中的质量控制直接使用。当 PLM 的质量基础信息不完整或者没有相关信息时，MES 可通过手工方式维护，维护后的质量基础数据可以按不同产品的工艺路线关联到工步，方便后续检验时查看质量基础数据。

1）检验方式：目测、设备自动检测、千分尺测量、重量测量等。

2）检验类型：首检、抽检、专检等。

3）检验项目明细：录入所有质量检验模板中涉及的检验条目，以备检验模板的建立。检验项目明细支持建立组类以便于更加容易地识别。

4）每个检验项目都具有数据类型、数据上限/下限值、标准值、样本个数等基本属性。

5）检验数据类型：对检验明细的采集数据类型分类，以便质量检验模板的建立。

2. 质量数据采集

MES 对生产过程中的工艺、质量、检验数据进行管理，包括生产过程中的各类检验信息，通过数据采集实现对质量数据的统计分析，生产管理人员可以通过质量数据了解当前的生产状态，全面掌握质量动态；通过对质量变异数据的提示，生产管理人员能够及时发现质量问题，从而实现对生产质量的控制。

质量数据采集包括人工检验和在线质量数据采集两种。

（1）人工检验 人工检验流程图如图 9-7 所示。

对于无设备或检验系统支持的检验项目，而这些数据又希望能够被记录和追溯，则可以进行人工检验记录，人工检验信息采用手工录入的方式来实现数据采集。MES 提供数据录入界面，用户在系统 UI 界面通过手工录入方式输入质量管理系统，将检测信息保存在系统中。数据采集后将按照统一的数据格式记录到数据库中进行归档，以备统计和分析使用。MES 可以对以下人工检验信息进行管理和分析。

1）现场质量检验数据：对于无法通过设备自动采集方式获取的现场质量信息数据，系统支持手动录入、操作过程、检验附件材料等的拍照、录像归档等。

2）巡检、抽检信息：系统维护巡检、抽检检验参照的质量模板，相关人员按照质量模板进行巡检和抽检检验，检验完成后将检验信息录入质量管理系统。

3）外协检验数据：对外协回来的零件，按照外协检验的检验项，记录检验数据。

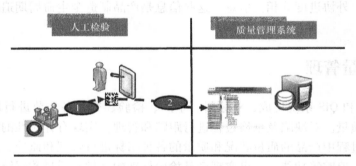

图 9-7 人工检验流程图

（2）在线质量数据采集 在线质量数据是指产品在生产过程中所做的一系列过程检测数据，主要包含检测设备、试验台、其他生产线的在线检测设备等设备在生产过程中产生的数据。系统通过在线质量数据采集完成质量数据的收集，最终达到质量管理、质量信息追溯和监控的目的。

3. 不合格品管理

MES 系统可以对生产过程中不合格品的处理和返修过程进行跟踪和管理，管理不合格品检查、判定和返修的全过程，提供对产品缺陷、返修原因、返修率等质量指标的分析。因此可以实现对不合格品信息的登记，返修过程和相关信息的严格记录，方便对返修信息进行追溯。

质量管理系统中将对不合格品进行定义，包括但不限于如下内容：

1）不合格品定义：轻度不合格品、重度不合格品。

2）不合格品处理方式定义：返工、返修、报废、降级等。

3）产品不合格的原因分类：操作原因、设计原因、工艺原因、设备能力不足、工艺能力不足等。

质量管理系统将对企业不合格品管理流程进行梳理，依据梳理后的流程，质量管理系统的不合格品管理将严格遵循企业的管理流程。质量管理系统在对不合格品审理协同流程中，提供数据录入功能，并依据相关人员录入的数据自动生成相关文档，如不合格品审理记录、不合格品审理单、返工返修记录、报废记录等。

对于不合格项，系统可以按单件或批量开 NCR（不符合物项报告）单，并通过与 QIS 和 ERP 系统集成实现按 NCR 单进行跟踪功能。

4. 质量缺陷管理

对生产过程中不合格品的处理和返修过程进行跟踪和管理，管理不良品检查、判定和返修的全过程，提供对产品缺陷、原因、返修率等质量指标的分析。流程化操作界面可实现质量缺陷信息的登记。

系统中将对缺陷进行定义，包括但不限于如下内容：

1）缺陷定义：缺陷名称、缺陷类别、缺陷等级。

2）缺陷产生的原因分类：操作原因、设计原因、工艺原因、设备能力不足、工艺能力不足等。

质量管理系统提供缺陷数据录入功能，并依据相关人员录入的数据进行自动分类或人工匹配分类，便于后续的缺陷分析管理。

质量缺陷统计分析是寻找影响产品质量的主要原因、改善产品质量的主要手段。例如，采用柏拉图法来分析缺陷的分布情况，其主要思想是认为影响产品质量的因素有主有次，只要抓住主要因素，质量管理就会有显著成效。

柏拉图法把影响质量的因素按累计频率分为以下三类：

1）A 类，累计频率为 0~80%，为主要因素。

2）B 类，累计频率为 80%~90%，为次要因素。

3）C 类，累计频率为 90%~100%，为更次要因素。

通过扫描二维码，系统获取当前生产过程的质量信息，当发现有质量缺陷的产品时系统对缺陷进行报警提示。对于连续反复发生的缺陷，质量管理员/车间主管可通过系统向上、下游工位联动报警，以便上、下游工位快速获知缺陷消息。最大限度地避免缺陷流入下道工序而带来的损失。

5. 关重件管理

MES 具有对关重件的管理功能。生产前关重件完成与唯一标识的绑定，生产过程中系统通过查询产品编号或扫描零部件标识，快速识别质量问题。

对于进行工单整改的产品，系统自动记录关重件的更改信息，包括工单号、前关重件编号、现关重件编号、产品型号、计划开始时间、计划结束时间、生产人员、更改人员、更改时间等。

当系统发现质量问题时，若产品未出厂，系统对产品进行状态标识，防止产品进行工序流转；若产品已出厂，系统根据关重件标识追溯到生产源头，对同类型的产品进行生产预警，防止缺陷产品再次生产，并快速确定缺陷责任。

6. 合格证管理

1）合格证生成。系统在生产完工后，需要在系统中生成合格证，并把产品合格证编号关联到产品数据中。

2）合格证打印。系统生成合格证后，单击“打印合格证”按钮，完成合格证生成打印动作，并记录该合格证已打印完成。

3）合格证查询管理。对于已生成和打印完成的合格证，系统提供合格证查询功能，查询具体合格证信息（如合格证生成时间、生成人员、生成的合格证相关信息）。

4）合格证追溯管理。该功能主要追溯已完成产品，以产品合格证上具体编号查询合格证具体信息。

7. 质量追溯

质量信息可以被追溯的原理：质检结果录入质量管理系统时需要指定对应的批次，即质检信息与物料批次条码挂接，批次条码与生产工单挂接，生产工单又与生产订单挂接，因此可以通过各种查询条件进行层层追溯。

质量管理系统存储生产过程质量数据，用户可以按照条码、生产班次、物料批次、工单、操作人员等多种维度进行查询，追溯检测质量数据，例如，三坐标、探伤检验是否合格等关键参数。

系统提供可基于以下方式进行质量追溯（图 9-8、图 9-9）：①二维码追溯；②批次质量追溯；③时间区间追溯。

图 9-8　质量追溯内容

工作区 ： 装配线8区　　工位编号：全部　　查询

车辆编号 ： 4G0115TC2100001

车辆信息

VIN码 ： 4G0115TC2　　当前工位：OP110 主轴螺栓拧紧,测量轴向间隙

生产订单号：4G01-20141001　　上线时间：2014-10-14 09:00

状态：上线　　下线时间：2014-10-14 10:30

质量信息

工作区	工位名称	检测项目	检测数据	单位	检测结果	上限	下限	日期时间
装配线8区	OP110 主轴螺栓拧紧,测量轴向间隙	轴向间隙	0.20	mm	OK	0.3	0.1	2014-10-14 10:05
装配线8区	OP110 主轴螺栓拧紧,测量轴向间隙	拧紧扭矩	10	牛*米	OK	12	8	2014-10-14 10:05

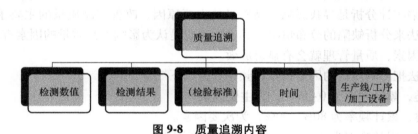

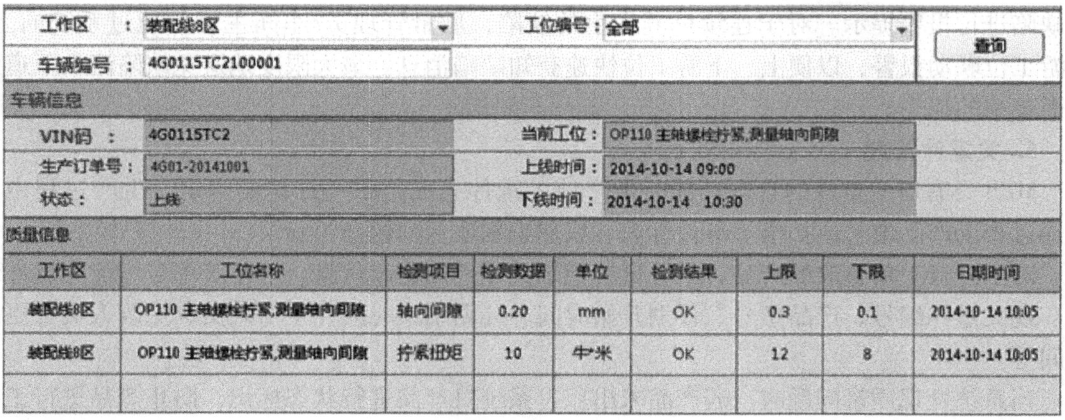

图 9-9　质量追溯界面

8. 质量统计分析

在生产结束后，按照产品生产工艺要求，对质量过程数据进行统计分析，进一步获得质量数据的分析结果。根据数据提供详细的走势或趋势图及 KPI 指标报表，评估生产效能，分析生产状况，对质量检验结果、质量评价结果等事后数据进行分析，最终达到改进生产操作的目的。质量管理能够跟踪完整的制造过程控制，记录并分析所有质量点的质量数据，包括故障类型、供应商、时段、物料、加工人员等信息。质量管理依据实时获取的质量数据提供质量看板，动态实时反馈生产质量情况。

质量管理支持多角度、多维度的统计分析，既可以统计指定单一工单某质量数据的极值、均值、标准偏差、合格率、CPK 等关键性能指标，也可以按照班组、班次、工作日、时间段等信息将多批次数据进行统计，从而为质量管理提供决策支持，帮助企业持续改善生产质量。

质量数据统计分析对设备采集质量数据、人工录入检验数据、缺陷数据进行整合，将多源分散的质量数据通过系统有机地联系在一起，实现全部质量数据的电子化管理并支持质量数据导出和报表生成。

典型的质量数据统计分析示例如下：

1）工序质量报表（图 9-10）：展示单个工件在某个工序的加工过程中的所有质量点统计报表。

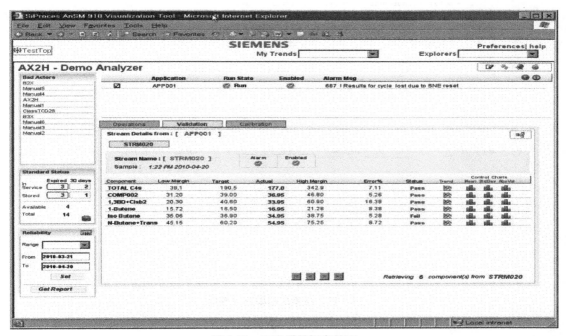

图 9-10　工序质量报表界面

2）合格率统计（图 9-11）：按照批次、时间区间、班次等条件统计产品一次合格率及其走势。

3）质量缺陷率统计（图 9-12）：按批次、时间区间、班次等筛选条件统计每类缺陷发生的概率。

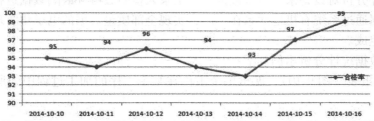

日期	发动机机型	合格数量	装配数量	合格率（%）
2014-10-10	4G0115TC2	95	100	95
2014-10-11	4G0115TC2	94	100	94
2014-10-12	4G0115TC2	96	100	96
2014-10-13	4G0115TC2	94	100	94
2014-10-14	4G0115TC2	93	100	93
2014-10-15	4G0115TC2	97	100	97
2014-10-16	4G0115TC2	99	100	99
小计	4G0115TC2	668	700	95

图 9-11　合格率统计界面

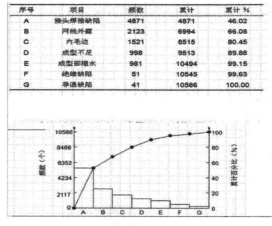

图 9-12　质量缺陷率统计界面

9.7　生产设备管理

　　生产设备管理是以企业生产经营目标为依据，以设备为研究对象，追求设备周期费用最经济，设备效能最高，应用一系列理论方法，如系统工程学、价值工程学、设备磨损、设备可靠性和维修性理论、设备检测和诊断方法、综合管理方法等，通过一系列经济、技术和组织措施，对设备的物质运动和价值运动进行从规划、设计、制造、选型、购置、安装、使用、维护、维修、改造、更新直至报废的全过程科学管理。

依托丰富的设备维护管理经验，经过西门子维护专家们的反复论证与精心挑选，并结合历年来西门子众多成功的设备维护提升项目的实践经验，深入了解到车间管理层对设备维护提升的需求，西门子选用 MES 中设备运维管理系统作为设备维护提升的基础运作平台。西门子 MES 中的设备管理系统作为全球领先的设备管理软件平台，能有效地满足车间设备维护管理的需求。

1. 设备台账管理

设备台账管理用来查询管理设备的详细信息，可以有效地提高使用人员的搜索效率和管理能力。

（1）基本信息维护　系统可录入、集成或批量导入工厂物理设备的基本信息，维护设备的基础数据和运行数据。

设备的基础数据包含：设备编号、名称、类别、型号、规格、供应商、制造年月、制造厂家/国别、对应备件、采购信息、保修信息、摆放位置等。

系统可自定义设备的状态，如检修、故障、运行、报废等。

系统提供相关行业的常用设备分类，并支持用户自定义设备分类，方便管理。

（2）设备信息查询　系统可实现设备的层次结构建模，显示设备树和相应的查询信息。

查询信息覆盖设备全生命周期的各项活动，包含但不限于设备的安装、调试、检修、技改，直至报废的各项内容，如图 9-13 所示。

图 9-13　设备台账管理界面

2. 维保基准维护

维保基准创建页面如图 9-14 所示。通过制定完善维保基准实现对设备维保内容标准化、作业流程规范化、频率合理化，避免维保不到位和过度维保等现象发生。维保基准包括维保对象（设备）、维保类型（点巡检、保养、润滑、大修）、维保部位、维保项目、维保频率

（批次、班次、小时、天、周、月、年等）、维保标准、作业流程、参考文档、维保路线、维保负责部门及人员、维保基准日期等信息。用户可以根据设备生命周期的不同阶段及安装环境改变，手工改进基准内容和调整维保频率。系统根据维保策略自动生成维保任务，同时实现自动提示或任务预警功能，用户登录系统后，系统显示当天的维保任务。对于状态异常设备，系统禁止使用该设备。

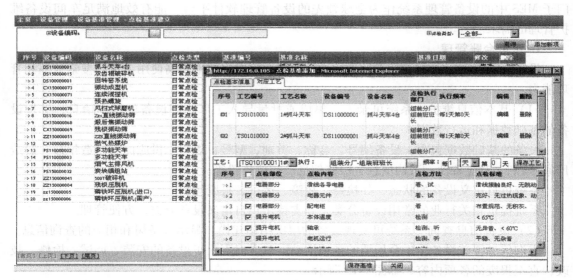

图 9-14　维保基准创建页面

3. 维保任务管理

维保计划创建页面如图 9-15 所示，维保任务预警界面如图 9-16 所示。MES 与设备管理系统进行集成，自动接收设备维保任务。

图 9-15　维保计划创建页面

维保任务内容包括计划编号、设备编号、设备名称、维保类型、执行部门、维保周期、

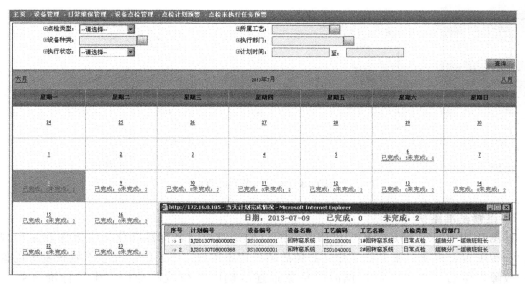

图 9-16　维保任务预警界面

维保开始时间、维保结束时间等，系统自动将任务与对应的维保基准信息进行关联，下发给相应的操作工、检修人员、专职点检员进行维保执行操作。

系统任务单中包含容许期和警告期，可对待到期和过期任务单进行报警信息提示。

4. 维保实绩反馈

如图 9-17、图 9-18 所示，维保人员根据已制定的维保任务进行执行，执行中将维保过程数据维护到系统中，系统自动将维保数据与维保标准进行对比并做出相应的考核措施，同时对维保过程中遇到的未能当场解决的问题报维修人员进行处理。MES 支持对常用备件、耗材库存情况的查询功能，对运维任务具有预警功能，提前提示维保人员将要执行的点检任务，避免发生维护时间过期。

图 9-17　维保执行界面

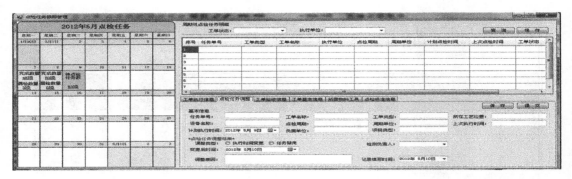

图 9-18　维保任务跟踪页面

5. 维修基准维护

如图 9-19 所示，制定完善的维修基准的目的是对故障名称标准化、维修作业流程规范化、资源配置合理化、服务优质化，避免故障处理不彻底、不及时、安全事故频发等现象发生。故障发生后，维修人员根据故障现象描述准确的定位故障原因，生成标准维修工单（维修计划或工作票）进行派工。相关维修负责人收到维修工单后，调配相关资源，进行维修作业。维修基准包括标准故障名称、作业流程、安全措施、维修标准、维修人员、维修工具、工时等信息。

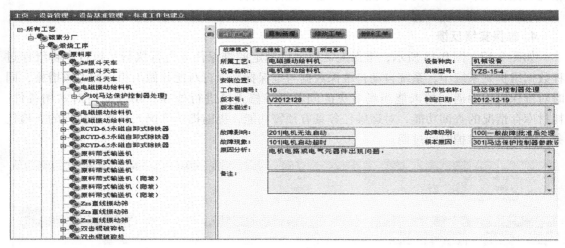

图 9-19　维修基准维护页面

6. 设备故障维修

如图 9-20 所示，维修人员收集确认现场设备状态，填写设备异常信息报告，收到各区域设备异常报告后，对异常信息进行系统及现场确认，如确认为故障，根据故障类型自动触发维修策略，生成相应的标准工作包（维修工单）。维修工接收到维修工单后，组织人员携带相应的备件、材料、工具到现场处理故障，然后将处理结果维护到维修工单中。根据故障影响级别组织相关人员分析故障原因、优化处理流程、改进处理方法、完善维保策略，避免相同的事故再次发生。

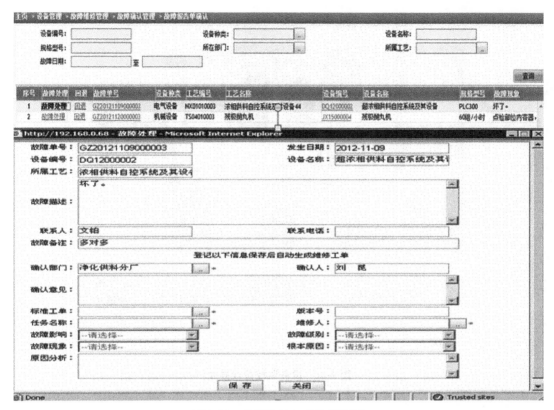

图9-20　故障确认工单执行界面

7. 设备监控管理

如图9-21所示，MES通过与MDC系统集成，采集设备运行参数，并通过可视化的设备布局界面进行设备状态、加工批次等信息的展示。系统支持快速维护生产设备布局的功能，同时具有对设备报警值维护的功能，当设备处于故障状态时，系统中设备图标通过展示不同颜色进行警示，产生预警时，操作人员可在系统中关闭报警并添加备注信息。

8. 设备统计分析

如图9-22所示，企业生产运营全过程的设备管理中需要有针对设备运行效率的计算。结合设备工作时间、故障时间、停机时间等相关信息，实现对设备可动率与故障率的统计分析，进行故障定位和诊断，并可根据设备的故障原因及维修方法为企业的设备管理提供依据。

可根据不同的统计方式，从相关联的数据表中选择多个表，自定义查询条件实现多个表或单表的联合查询；可以报表的形式实现对设备运行过程中各类信息的输出，并能以不同的文档格式（如Excel等）实现相关信息的输出。

1）时间维度：时统计、班统计、日统计、周统计、旬统计、月统计、季统计、年统计，同期对比统计等。

2）指标维度：停机时间、故障时间、运行时间，设备停机率、设备故障率、设备启动率，平均故障间隔时间、平均故障修理时间，设备综合利用率等。

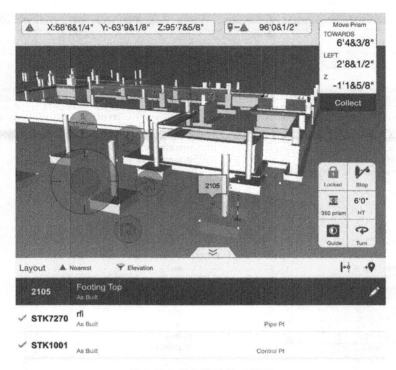

图 9-21　设备监控管理界面

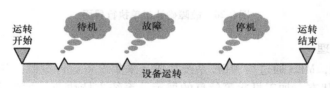

图 9-22　设备运行过程示意图

3）层级维度：厂、车间、生产线、工序等。

4）图形维度：数字、文字，表格，曲线、折线，棒图、饼图等。

9. 设备状态实时监控

MES 与 MDC 系统集成，对设备进行数据采集，并实时监控它们的运行状态，建立设备运行记录档案。各种数据采集手段能有效地捕获设备状态信息，提供生产设备和检测设备的运行参数信息，能够为生产过程的追溯提供数据分析的依据。当产品发生质量问题时，可以随时调用设备的相关追溯记录来进行分析。

1）通过设备的互联互通，将设备的实时状态、运行参数、加工任务等信息采集到 MES 中进行归档。

2）实时监控设备的运行状态，出现报警和故障时，可及时反馈并推送消息给相关部门和人员。

3）将生产设备和检测设备的运行信息在产品生产过程中进行统一收集和记录，以 MES

作为入口来查询、追溯和分析。

10. 设备停机时间

统计单台设备或某条生产线在一段时间内的累计停机时间，如图9-23所示。

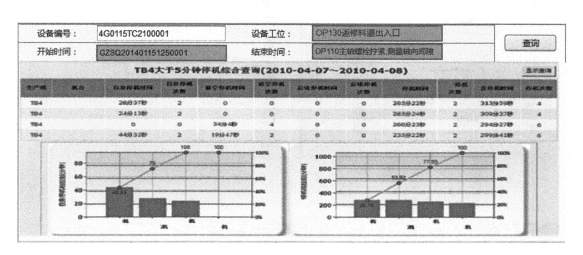

图9-23　设备运行过程示意图（一）

1）故障时间，统计单台设备或某条生产线在一段时间内（任意时间段）的累计故障时间。

2）运行时间，统计单台设备或某条生产线在一段时间内（任意时间段）的累计正常运行时间。

3）停机率，统计单台设备或某条生产线在一段时间内（日、周）的停机率，如图9-24所示。

停机率=（闲置时间+换工装时间+保养时间+故障停机时间）÷设备日运转时间

4）故障率，统计单台设备或某条生产线在一段时间内（日、周）的故障率，如图9-25所示。

$$设备综合故障停机率=\frac{\sum(设备故障停机时间)}{\sum(设备日运行时间×统计天数)}×100\%$$

用户可以查看每台设备的故障率曲线图，来分析设备的状态走势，如图9-26所示。设备故障率也是预知保养的一个重要输入信息，当曲线开始上升时，管理者应该根据实际情况安排保养了。

5）OEE（图9-27），使用OEE（全局设备效率）的一个最重要目的就是帮助管理者发现和减少一般制造业所存在的六大损失，即停机损失、换装调试损失、暂停机损失、减速损失、启动过程次品损失和生产正常运行时产生的次品损失。通过准确地测量设备运行效率来提高产量，找出系统的瓶颈所在，最大限度地提高设备运行效率。并根据对OEE的分析及时地对设备进行维修、保养工作，并指导排产部门的决策。

$$时间利用率=\frac{运行时间}{日历时间-计划停机时间}×100\%$$

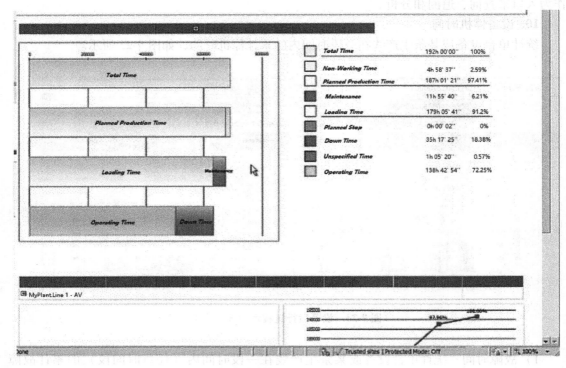

图 9-24　设备运行过程示意图（二）

设备编号	设备名称	设备型号	所在车间	1月		2月		3月		4月	
				故障总时间	故障率	故障总时间	故障率	故障总时间	故障率	故障总时间	故障率

图 9-25　设备运行过程示意图（三）

$$性能利用率 = \frac{理论加工周期 \times 生产数量}{设备运行时间} \times 100\%$$

$$合格品率 = \frac{合格数量}{生产数量} \times 100\%$$

$$OEE = 时间利用率 \times 性能利用率 \times 合格品率 \times 100\%$$

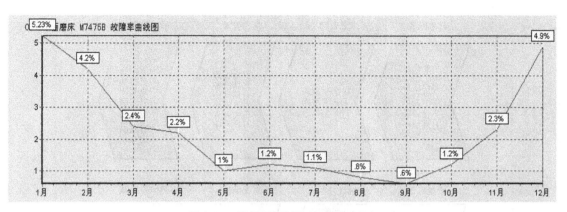

图 9-26 设备运行过程示意图（四）

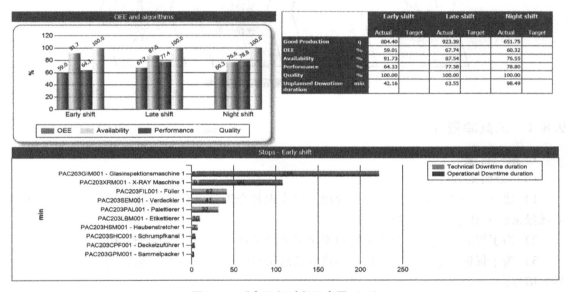

图 9-27 设备运行过程示意图（五）

9.8 工具工装管理

对线圈分厂刀具、工装进行整体的流程化管理，通过实时跟踪工装、刀具的采购、出入库、修磨、校准、报废等过程，帮助库管员、工艺员、制造工程师和刀具主管等有效地改善刀具管理过程，提高刀具的管理效率和利用率，全面降低刀具的使用成本。通过对每一把刀具个体进行编码，实现对刀具个体从采购、使用、维护到报废的全寿命管理。MES 内的刀具实体信息与物流配送系统集成，实现加工刀具的自动准备和配送。主要功能模块有刀具采购管理、刀具出入库管理、刀具参数及附件管理、刀具组装管理、跟踪刀具丢失、损坏和报废。刀具管理系统功能模块如图 9-28 所示。

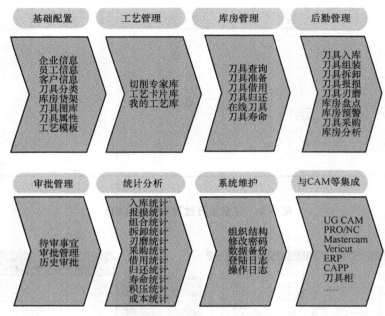

图9-28　刀具管理系统功能模块

9.8.1　工具库管理

1. 条码管理

（1）条码定义规划

1）建立统一的编码规则，统一管理，以实现每个工具（包括组合工装、零星采购刀具或批量采购刀具等）的条码唯一化。

2）为了提高适用性，公司采购和零星采购的工具可通过不同的属性区分。

3）为了保证信息的可追溯性，在建立的新条码中将包含 ERP 的临时码、批次号、序列号等信息。

4）基于工具恶劣的使用条件，建议使用防水条码。

5）所有制造资源条码唯一化后，在工具借还等业务中可通过条码扫描的方式快速实现，并具有很好的防错防漏功能。

6）条码唯一化后，刀具修磨等业务可以针对每个具体的工装录入数据，管理粒度更细。

7）支持对公司批量采购的工装，系统可按项数统计。

8）可以统计零星采购的刀具（如工段、价格）。

（2）条码信息使用规划

1）对于大件工具（如工装），直接将条码贴至工装上。

2）对于盒装工具，将条码贴至容器上。

3）对于一盒装多件的刀具，详细描述如下：①新品入库时，管理员扫描盒装条码直接入库；②借用时：一般都按整盒借出，所以直接扫描条码；③返还入库时，对于盒内只使用了部分刀片的情况，管理员扫描盒装条码，然后单击"分批"按钮，系统自动打开分批处理，管理员录入未使用刀片的数量，单击"保存"按钮。系统对分批和主批自动关联。

2. 工具台账管理

工具台账主要用来查询库房工具的详细信息，可以有效地提高使用人员的信息搜索效率。

（1）库位的智能判定　库位信息是在公司库存管理系统中创建和维护的，本着统一数据源的原则，数字化制造系统需要与公司库存管理系统集成以完成库位信息的读取。工具管理员提前配置某类工装默认分配库位，这样当工装初次入库的时候，系统会默认为其分配一个库位。为了安全起见，默认分配库位允许人工修改。

（2）入库提醒　在正式入库后，系统将自动判断申请采购/制造的工段并及时提醒，以备其及时使用。

（3）添加"项目"属性　项目属性值由技术部门定义，在提交工具采购/制造申请的时候，本属性已经确定。属于项目的工具不能被其他项目所使用。

① 工装：工装制造申请时需要录入此属性值。工装制造申请在《综合管理》文件中实现，将在后期项目实现，因此对于工装的项目属性可使用人工录入方式实现。

② 刀具：在刀具采购申请的时候通过系统录入。

（4）添加"有效使用次数"属性　为了有效地进行生产成本计算，每种工具需要指定一个有效使用次数，系统默认为1，允许工具管理员进行人工修改。此值的确定由工具管理员和财务人员商定。

（5）添加"牌号"属性　各个工段或项目室提交采购申请的时候，需要填写"牌号"属性值，刀具台账建立"牌号"属性。

（6）库值统计　库值统计功能是指工具管理人员可以随时统计库存里工装的占用资金情况。工装/刀具/量具的单价数据是在建立台账的时候确定的，单价数据原则上来源于ERP（根据采购批次号抓取最新的采购价），由系统通过集成的方式读取，但为了安全起见，也允许特殊情况下人工录入。

系统还可以对季度采购和报告采购的刀具的费用进行汇总和统计。

（7）刀具费用预警　对于零星采购的刀具，每年具有一定限额的采购预算，如果年内采购的刀具费用超出预算，系统有预警提示功能。

刀具的费用值需工具管理员做入库处理的时候人工录入。

（8）有效期预警　工装具有"有效期"的属性，系统在有效期提前3天进行预警提示。提醒提前天数可自定义。工装有效期是建立台账的时候由保管员录入的。

（9）库存量提醒　每种工具都具有标准库存量、安全库存量的属性，需要在建立台账的时候由工具管理员录入。当工具库存量低于安全库存量的时候，系统能自动预警提示。系统支持对标准库存量与当前库存量之间的差异统计。

3. 入库业务

（1）工装快速入库　工具入账的流程将全部在数字化制造系统中实现电子化操作。公司库存管理系统具有采购申请/派工制造的功能，因此在工装入库之前其基础数据在公司库存管理系统中都已经存在。本着方便高效的原则，数字化制造系统将通过集成接口的方式读取所有采购申请/派工制造工装的基础数据，工具主管只对要入账的工装做勾选（批量），然后单击"入库"按钮即可完成批量处理工装的入库业务。

（2）其他工具快速入库　刀具：将由系统从采购申请模块中读取，并由工具管理员选择入库。其他物品：可制定统一的工具采购模版（Excel），通过导入的方式快速入库。

4. 借出/返还管理

工具的借还业务将在数字化制造系统中实现，所有的单据实现无纸化。

（1）工具需求列表　在工段下达日班产的时候，系统自动计算工具需求列表并推送给工具室管理员，以提前做好生产准备。

系统允许开工检查时做修改，系统提供按天或任务汇总工装的使用计划。

工装需求列表包括工装号、项目号、需求数量、工段编号、借用人等信息。

在输入工装需求信息后，工段人员单击"可用性检查"按钮，系统将自动判定工具的可用性。

（2）工具借用　工装借用时，系统自动判定是否需要填写相关单据并给予提示。经过管理员确认后，系统将单据信息推送到现场终端，操作员需将检测数据录入系统。否则刀具返还时，系统将拒绝入库。工具借用时，工装管理人员将按照工具需求列表出库，不符合要求的工具不允许出库（原则上按照刀具需求列表）。工具出库时，将以条码扫描的方式做防错、防漏处理。刀具借用时，系统能自动统计工装的使用次数，并判断是否超出刀具的消耗定额（只限于刀具）。系统自动判断借用刀具的"项目"属性与需求列表中刀具的"项目"属性是否一致，如果不一致，则需要人员审核确认。

（3）借用提醒　管理人员在线时，系统自动计算借用时间，在返还规定日前两天，系统自动提醒，直到工具返还为止。提醒提前天数可由管理人员自定义。

对于超期未还的工具，系统将产生报警信息。

（4）续借功能

1）对于借用超时的工段，系统将自动提示。

2）操作员可以在提示界面中直接单击"续借申请"按钮，系统将续借申请信息再次推送给工具管理员。

3）工具管理员审核后输入续借日期，单击"续借确认"按钮，完成续借业务。

5. 工装返修管理

遵循当前的业务流程，数字化制造系统实现的功能将涵盖本业务所涉及的公司 MES 中实现的功能。实现整个流程的业务电子化，将所有的审核业务全部通过系统实现，公司内部有关单据实现电子化。

现将有关改进的地方描述如下：

（1）提交返修申请　工段打开工装返修申请界面，手工录入返修工装信息，也可按照 Excel 文档的形式导入；审核无误后单击"提交申请"按钮，信息推送给工具管理员。

（2）工装委托派工单　工具管理员审核返修申请，检查无误后准备工装实物，然后扫描工装条码，系统验证其正确性。保管员在系统中处理完送检业务后，系统将自动生成《工装委托派工单》，并自动推送给相关的人员进行审核。整个过程中，保管员可以随时查询相关人员的审核进度情况。只有通过审核后的派工单，系统才能打印。

（3）返修进度提示　保管员在办理送修业务时，需要输入修理工时或计划修理结束日。系统会在计划修理结束日的前两天自动提醒。

对于返修合格入库的工装，系统自动将入库信息及时推送给相关的工段。

（4）返修费用统计　保管员在系统中办理送修业务时，需要输入"返修费用"属性值。系统可以从不同的角度对返修费用进行统计，如按时间跨度、按申请工段、按工装类型等。

6. 尺表修理管理

（1）提交修理申请　打开工装返修申请界面，手工录入返修工装信息，也可按照 Excel 文档的形式导入；审核无误后单击"提交申请"按钮，信息推送给工具管理员。

（2）尺表维修进度提示　保管员办理"尺表送修"业务时，需要输入计划返回日或计划工时，以备系统能自动提前提醒，提醒提前天数可自定义。

（3）维修费用统计　保管员办理"尺表送修"业务时，需要输入维修费用。系统能从多个维度对尺表维修的费用进行统计。

7. 送检管理

（1）送检功能规划流程描述

1）填写送检申请单步骤如下：

① 循检：系统自动定期提示，在提示界面里，工具管理员勾选送检的工装，单击"提交送检"按钮。

② 新制检验：在新制产品的台账界面上勾选送检的工装，单击"提交送检"按钮。

③ 修检：查询送检工装并勾选，单击"提交送检"按钮。

④ 送检工装将被汇总在送检申请表中。

2）提交送检申请单。工具管理员审核送检申请表，录入"送检申请"数据，一般送检申请中包含送检单位、检验单位、送检日期、工装分类、送检预计工时等信息。检查无误后，单击"送检确认"按钮。

3）准备工装、设计图纸、质量证明单等，并由相关人员送至产品检验检测中心。

4）检验结果：产品检验检测中心在公司 MES 录入检验结果。

① 如果检验合格，则直接运回，由工具管理员在系统中查询送检工装，并单击"送检入库"按钮。

② 如果检验结果不合格，则由工具管理员与工装厂联系进行返修，需工具管理员在系统中查询送检工装，并单击"工装返修"按钮。

以上两种操作都会改变工装的系统状态。数字化制造系统与公司 MES 保持状态同步。

5）工装的系统状态发生变化，系统会自动推送给项目室主任和工段主任。

（2）工装初次送检　工装管理人员在数字化制造系统中处理送检申请操作，系统会自动通过系统集成的方式将送检请求发送到公司 MES，最终供产品检验检测中心人员浏览查看。

检测完毕后，产品检验检测中心在公司 MES 中录入检测结果，系统通过集成的方式自动显示工装检验完毕的状态和结果。

（3）送检提醒

1）对于循检和新制检验的工装，在系统登录状态下，系统将实时计算送检的时间，并在送检规定的时间到达时自动提醒工具管理员。

2）对于已经送检的工装，在预定返回时间的前两天，系统具有自动提示功能。

3）检验完毕的工装，系统要及时推送给项目室主任和工段主任。

8. 积压工装处理

1）工装管理人员通过快捷的查询方式将长时间未经使用过的工装搜索出来，管理员只需要单击"调拨"按钮，即可完成对工装的公示。

2）系统通过集成接口，可将调拨的工装直接发布到公司 MES。

3）对于需要调拨入库的工装，工装管理员可直接查询到公司 MES 中的某个需要调拨的工装，并可通过单击"调拨入库"按钮完成工装的快捷入库功能。

9. 组合工装管理

（1）组合夹具的借用　首先通过工段人员提交的资源需求中确定所需的组合工装。当工装入库时，保管员只需在需求工装列表中选中相应的组合工装，单击"组合工装入库"按钮，然后输入"工装号"，单击"确定"按钮即可完成组合工装的借用业务。

为了统一管理，建议将工装厂给出的组合工装编码打印条码并贴至工装上。

（2）组合夹具的返还　保管员在工装台账中查询到所需返还的组合夹具，然后扫描工装条码，如果信息匹配，则系统自动完成返还业务。

（3）组合夹具统计　系统对所有的组合夹具数据进行长期归档，保管员可以任意查询和统计某段时间内的工装数据，如工装的使用历史、借还日期等。

10. 工装报废管理

因为工装报废涉及与外厂人员的签字业务，因此工装报废的流程遵循当前的业务流程（包括单据）。

工具室报废物资交接单的创建与填写由系统完成，系统自动进行统计并形成报表。

本着对制造资源长期归档的原则，所有的报废工装在系统中只是状态的改变，而非彻底删除模式。所以所有工装的历史使用数据、参数数据、返修数据等都仍然可以查询到。

工装管理员在系统中进行报废业务时，需要输入原因。本着高效的原则，报废原因可以通过选择的方式录入（人工事先编辑）。

系统将提供更加详细的统计分析功能，按工装的数量、原因、费用、审核人等进行索引统计。

11. 封存/启封

系统支持工具的封存和启封操作，处于封存状态的工具不允许借用出库。

（1）工装封存　本着简单方便的原则，工具管理员通过查询功能将需要"封存"的工装搜索出来，并勾选，单击"封存"按钮，则封存业务处理完毕。

查询条件多样化：未使用时间跨度、工装类型、项目号等。

（2）工装启封　查询封存状态的工装，单击"启封"按钮，完成对工装的启封业务。

查询条件多样化：工装状态、时间段、工装类型、项目号等。

12. 库存盘点

盘点之前，管理员在系统中可以对区域库存进行冻结，禁止出入库操作，以防止数据发生混乱。同时为了减小盘点过程对生产带来的影响，采用区域冻结的方式。为了安全起见，工具管理员可以根据实际情况有选择地利用本功能。

盘点结果需要盘点人员录入工装号、盈亏数量、存放货位、原因等重要数据。

13. 库位变更

库位信息层次划分为库、区、架、层、号。

（1）库位信息维护 所有库位信息的维护（创建、修改、删除等）将通过数字化制造系统完成。

（2）库位修改 当发生工装库位变更时，库管员只需在系统中查询出此工装信息，在库位上单击"变更"，然后输入"新库位"和数量，即可完成对库位的变更业务。

（3）统计查询 系统提供对库位变更信息的历史数据的查询功能，历史数据包括工装号、旧库位号、新库位号、移库数量、办理人、办理时间等。

14. 统计报表

（1）台账资源报表

1）资源台账明细统计表，对当前库存的制造资源的统计明细。

2）报废资产汇总统计表，按照物料类别对指定时间段报废的制造资源进行汇总统计。

3）资源台账汇总统计表，按照资源类别进行汇总统计。

4）报废资产明细统计表。按照物料类别对指定时间段内报废的制造资源的明细进行汇总统计。

（2）采购台账报表

1）外购刀具明细统计表，对当前时间段内外购刀具的明细进行统计。

2）外购刀具汇总统计表，按照刀具类别对当前时间段内外购刀具的汇总统计。

3）外购/报废刀具汇总统计表，按照刀具类别对指定时间段内采购和报废刀具的汇总统计。

4）外购刀具明细统计表，对指定时间段内采购刀具的明细统计。

5）报废刀具明细统计表，对指定时间段内报废刀具的明细统计。

（3）工位器具统计报表

1）工位器具明细统计表，对当前时间内工位器具明细进行汇总统计。

2）工位器具汇总统计表，在当前时间内，按照类别对工位器具进行汇总统计。

3）采购/报废工位器具汇总统计表，某个时间段内，按照类别对采购和报废的工位器具进行汇总统计。

4）工位器具新进资产明细统计表，对工位器具新进资产明细进行汇总统计。

5）工位器具报废资产明细统计表，对工位器具报废资产明细进行汇总统计。

（4）返磨刀具报表 对刀具返磨明细进行汇总统计。

9.8.2 工装工具管理

目前车间内的工装种类近千种，尤其是专用工装特别多的车间管理非常混乱，对专用工装、标准工装和通用工装没有系统地分类和管理，而且没有借用和归还等规范性管理。工装具管理功能是指通过对工装的借用、归还、鉴定等进行规范化管理，保证车间工装准备的及时性及工装的质量可靠性，从而为车间正常加工提供可靠保障。

工装工具管理主要功能包括基础数据管理、条码管理、库存与台账管理、配送与回收管理和维护提醒等。

1）基础数据管理：按品种定义工装工具的基本属性、规格和工艺特征参数等。

2）库存管理：可按权限访问，用于库存监察和统一调配。

3）台账管理：对需要个别管理的工装工具建立个体台账，管理每一个制造资源个体的状态。

4）工装工具的出入库管理。

5）工装工具的盘点计划管理及盘点结果记录。

6）工装工具的报损管理。

该系统特色如下：

1）对生产过程涉及的关键资源，如工装、量具等进行精细化管理，提高追踪能力，降低生产成本。

2）与生产计划模块相协调，根据需求计划进行生产资源的事先准备、配送和使用完毕后的回收，提高生产作业效率，快速反应生产任务需求。

3）对生产资源的寿命进行实时采集，对寿命进行动态监控，当资源的使用寿命达到临界值时，系统给出报警信息，提醒相关人员进行维护、停止使用或报废操作。这样既提高了资源的使用期限，降低了资源耗用成本，又在很大程度上保证了产品的生产质量。

1. 基础数据管理

基础信息是制造资源管理的基础，主要涉及的基础信息包括：

1）库存货位管理：将库存货位进行统一编码，并在系统中注册，便于制造资源的准确定位和查找。

2）制造资源信息：主要包含制造资源编码和名称、制造资源类型、制造资源规格及属性等。

2. 条码管理

建议工装工具的识别采用条码方式，对于不便于贴条码的工装工具，建议使用容器的条码对工装工具和量具的身份信息进行识别。

建议工装采取二维码标识方式进行身份识别，因为工装的体积一般较大，并且工装属于固定机构。所以建议将二维码标识打印于工装的外表面。在工装的库存管理和现场使用过程中，通过二维码扫描枪来扫描工装外表面的标识码，以实现对单个工装的有效跟踪。但如果不具备二维码实施条件，可以通过人工读取工装序列号的方式对工装的个体身份进行识别。

因此，对工具和工装进行有效管理的前提是条码（或二维码）在库存管理和生产过程中的规范应用，以供资源借用、返还、报废时对制造资源的识别。

3. 库存与台账管理

管理制造资源的库存情况，建立资源编号，既可以按品种管理，也可以按具体的个体进行管理。可以手工直接建立资源账册，也可以通过新资源到货入库完成库存量的增加。建立安全库存警报机制，保证车间正常生产，降低库存量，减少资源占用的车间总成本。

（1）资源入库业务　新购资源的入库注册，包含资源编码、资源名称、资源类型、购买日期、额定寿命、放置位置、资源数量等信息。

对可多次使用的资源也要进行资源入库业务。

（2）资源出库业务　所有资源出库时，必须遵循 MES 系统资源出库业务规定。

1）输入资源参数关键字（如工具编号），搜索相应的资源。

2）检查资源的可用性，例如，是否超出额定寿命，是否做过保养等。

3）确定所有资源信息无误后进行出库业务，录入领用人、出库时间、加工任务等信息。

系统及时地采集有关资源的使用信息，并记录形成使用档案。使用人员可通过资源编号追踪此资源的使用信息。

（3）资源信息查询

1）根据资源编码、资源类型等查询当前已存资源的数量。

2）根据资源编码查阅资源的使用记录。

3）根据使用日志，统计资源的使用寿命、报废原因等。

对于资源的查询可以使用列表或柱状图等多种形式查看。

4. 配送与回收管理

工装工具有计划地使用及在现场有序流转将有助于提高工装工具的使用效率，有效地解决频繁的短缺问题，提高资产的投资收益率。因此，配送和回收将是生产资源管理中的重点，也是 MES 中必备的系统功能。

生产订单在进行计划排产之前，MES 会通过系统集成接口检索工装工具库中的库存信息，以提前检查当前的库存水平是否能够满足当前计划中订单的工装工具需求。

生产订单经计划排产后，每个生产订单的每道工序就被指定了计划开始时间、计划结束时间、指定设备、需要的工装工具种类和数量。MES 根据排产结果自动计算工装工具需求，然后将需求提交给工装工具库，工装工具的管理人员根据需求计划进行相关操作，然后将准备好的工装工具在现场生产开始之前（以一个固定的提前期）配送到具体工位，保证生产准时进行。

在每道工序结束之后，现场设备操作工会在 MES 的现场终端中录入工序的进度信息。该信息会在第一时间传递给工装工具库的管理模块，工装库工具管理员通过系统能够及时了解现场哪个工位的工装工具需要回收，然后调配相关人员前往现场进行工装工具的回收操作。

5. 维护提醒

作为生产制造活动的重要资源，工装工具的及时维护有以下三个方面的重要意义。

1）避免在生产过程中发生疲劳损坏、精度降低的问题，从而降低工件发生质量问题的概率。

2）在生产之前确认工装工具的完好状态，能够有效避免因工装工具故障而引起的生产延迟，影响产品的交付。

3）在工装工具问题的萌芽阶段，发现定位问题，并及时采取保养和维护措施，工装及时挽救工装工具，延长使用寿命，降低生产成本。

因此，MES 从以上三个出发点考虑，提供工装工具的送检送修提醒功能，从而避免工装工具错过最佳检修时间。工装工具维护提醒功能需要与 ERP 系统进行集成，获取 ERP 系统中定义的工装工具的维护计划。MES 根据该维护计划，对工装工具的维修时间进行周期性提醒。

6. 资源盘点

按年、月或阶段时间生成制造资源库存盘点计划，盘点计划的执行跟踪，记录盘点盈亏结果，并可以生成盘点结果分析报表。

盘点结束并且确认后，执行库存更新操作，相应组件库存中的组件总数和库存数量会根据盘点结果进行自动更新。通过资源盘点，保证库存的准确性，保证正确的安全库存。

7. 资源报损

报废的制造资源进入废品库，作为资源消耗的主要数据来源，可以生成资源报废明细清单。

1）生成资源报损单，添加需要报损的资源及相应的报损数量和报损原因。

2）报损原因包括丢失、过期、破损。

3）报损单确认后，报损单的信息不能修改及删除。

4）执行报损操作后，相应组件库存中的组件总数和库存数量自动减少。

9.9 生产过程监控管理

1. 任务进度监控

采集生产任务的开始/结束时间、完成数量等信息，并将数据保存在系统中，计划进度监控示意图如图9-29所示。通过系统可以查询到每一个计划任务的执行情况，包

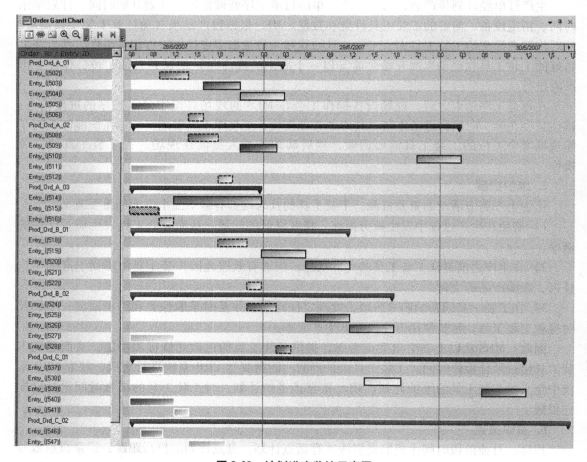

图9-29 计划进度监控示意图

括执行时间、产量、完工情况、质量信息等，对正在执行的任务系统实时显示在制品信息，如当前工序、实时产量等。对于超期完成的生产任务，可以通过警示字体等方式显示。

2. 在制品监控

在制品监控针对生产线上的中间产品，系统采集并记录工序的在制状态、物料信息、工装模具信息等生产数据，并对加工单元、操作工人是否为关键工序的信息进行记录，系统实时显示生产线上在制品的信息及生产线设备信息。

3. 物料监控

通过对需要跟踪的物料进行编码，实现生产过程中的物料跟踪，有利于做到合理的物料库存准备，建立完整的产品档案库，减少因物料无序导致的混乱，提高生产效率。

实时监控现场线边库中物料的使用情况，并用看板显示，当线边库物料库存低于安全库存时进行物料呼叫，设立物料呼叫看板，实时显示呼叫物料的供料情况，方便车间相关管理人员实时掌握现场物料的使用及配送情况。

4. 库存监控

系统实时监控各生产线各工位/工序物料库存信息，包括物料 ID、库存量、位置等，并将该信息通过系统终端或 LED 显示屏以数字化、图形化的方式实时、准确地反馈给各级生产管理人员。

5. 设备监控

设备监控可实时显示各生产设备的状态，不同状态用不同颜色标示，对于停机等影响生产的设备状态予以报警提示。设备状态监控界面如图 9-30 所示。

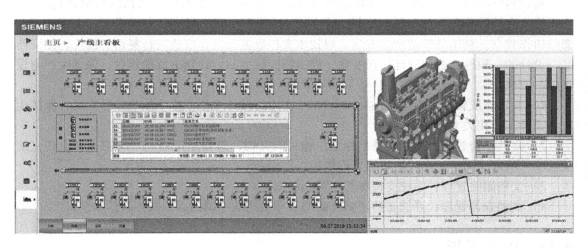

图 9-30 设备状态监控界面

6. 生产质量监控

系统实时采集各生产线相应设备的质量信息，并对质量信息进行分析，通过图形或数字表格的方式实时展示给各级生产管理人员。生产质量监控页面如图 9-31 所示。

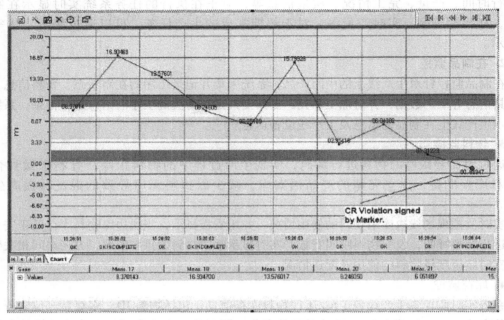

图9-31　生产质量监控页面

9.10　文档管理

构建科学的技术文档库和安全的访问体系，汇总并管理工艺设计文档的历史迭代状态，实现技术文档的分类管理和版本控制。建立技术文档的分享、发布和归档机制，实现技术资源的协作共享。利用科学的搜索方法，对技术文档数据和迭代痕迹进行鉴别、提炼，保证产品与设计的一致性。根据设计迭代变化，推送相应版本的设计到工位操作台，保证生产与设计的一致性。

1）文档集成管理：系统提供集成来自PLM中的设计文档，按产品的型号集成，保持生产与设计工艺相关文档的一致性。

2）文档上传管理：系统支持单独上传相关的文档，只要是文档，系统均允许上传，给文档唯一编码，用于生产现场终端查询使用。

3）文档删除管理：系统支持删除不需要的文档。

4）文档查询管理：系统支持依据产品型号和文档唯一编码查询文档具体信息。

9.11　电子看板

1. 生产综合看板

生产综合看板可视化是实现数字化制造的管理手段之一。生产综合看板不仅可以轮番播报研究所或总装车间的公告、管理办法和相关文件信息，还能通过组态、建模、数据挖掘和实时处理等技术手段，将车间运行过程透明化，并实现车间各种资源实时状态的可视化，目标是对车间的制造资源进行综合调度与管控。

2. 在制品进度看板

MES可采集生产任务的开始/结束时间、完成数量等信息，并将数据保存在系统中。通过系统后台运算，在制品进度看板可以按产线、班组实时显示在制品信息，包括执行情况（执行时间、产量、完工情况、质量信息等）、生产进度（未开始、在制、完成、超期）、当前工序、实时产量等。

在制品进度看板显示计划时间和完成时间的对比，区别显示已按期完成任务/工序和超期未完成任务/工序。对于超期完成的生产任务，可以通过警示字体等方式显示。

3. 三维轻量化模型浏览

由于电装或部装的三维原始模型文件很大，通常达到1GB以上，系统在打开时响应速度慢，不利于三维工艺下现场的要求，因此将三维原始模型转换为JT或SVL格式的轻量化模型，在保证PMI不丢失的同时支持快速打开及浏览的要求。转量化三维模型浏览界面如图9-32所示。

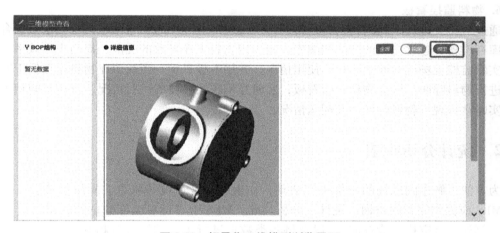

图9-32 轻量化三维模型浏览界面

点选MES工艺树中的三维工艺文件是轻量化模型类型的，MES系统调用JT2GO/SVIEW控件在Web页面中对其进行浏览、平移、缩放、旋转、标注、模型的测量、剖切、显示、隐藏等操作，如图9-33所示。

4. 生产准备看板

系统通过采集生产任务的物料齐套情况、制造资源（工装、工具等）使用情况、设备状态情况、操作人员到岗情况等信息，进行生产任务生产准备阶段的自动计算，并自动高亮标识具备生产条件的生产计划。

系统默认通过任务的紧急程度，自动将生产任务按照已经延期或即将延期的顺序进行排序。用户也可以根据所关注的信息对生产准备看板进行自定义排序设置。

5. 生产质量看板

系统实时采集各生产线相应设备的质量信息，并对质量信息进行分析，通过图形或数字表格的方式实时展示给各级生产管理人员。

图 9-33　轻量化三维模型动画播放界面

6. 物料监控看板

通过对需要进行跟踪的物料进行编码，实现生产过程中的物料跟踪，有利于做到合理的物料库存准备，建立完整的产品档案库，减少因物料无序导致的混乱，提高生产效率。

实时监控现场线边库中物料的使用情况，并用看板显示，当线边库物料库存低于安全库存时进行物料呼叫，设立物料呼叫看板，实时显示呼叫物料的供料情况，方便车间相关管理人员实时掌握现场物料的使用及配送情况。

9.12　统计分析报表

为方便了解车间现场的全部生产活动，如生产进度、设备状态、质量趋势、工时成本等，MES 应提供完善的查询、统计、分析功能。MES 中支持对全部数据的查询（支持模糊查询，例如，有空格也能查询），以及将各类数据进行主流的统计分析和运算（如平均值、概率等），可以根据用户需要，对量化的数据进行图形化显示（如趋势图、直方图等）。统计报表根据现有模板，结合产线实际数据，在现场大屏、客户端上以不同形式展现。

统计报表包括以下主要信息：

1）物料呼叫领用信息：包括物料呼叫需配送的位置、物料名称、数量、是否到位等。

2）生产计划：当前（正在生产的）生产订单信息，生产订单的执行进度，计划与实际执行进度对比，已下达（未开始生产的）生产订单信息等。

3）生产任务：各工序的当前生产任务和任务序列，各工位生产任务的完成情况。

4）物料信息：在制品信息，包括在制品批次、当前位置等。

5）质量信息：成品率、废品率等。

6）生产统计信息：日产量、月产量等。

7）设备状态：动态显示生产线/工序的设备状态信息，例如，用颜色表示正常运行、停机、等待等设备状态。

8）异常报警信息：动态显示生产线/工序上各设备的状态报警信息。

9）生产进度分析报表：生产进度分析报表包括产品状态、产品数量、开工时间、平均周期时间、目前批次状态、瓶颈分析等信息。可以显示在每个工位已处理及在等待的任务详单。

10）产量分析报表：产量完成统计分析可以查询每日\周\月\年，按照产品、批次、工序等的生产汇总，支持统计已经完成的型号产品、正在进行中的产品，以及任务完成率等信息，可以指导分解订单及安排任务。

11）人员绩效分析报表：支持面向人员绩效的统计分析，如人员工时、效率、完成率、合格率等，满足人员绩效考核工作的要求。

9.13　基础数据管理

1. 工厂建模

工厂建模，就是根据物理对象和逻辑对象对工厂进行模型抽象，建立基于国际 MES 行业标准 ANSI/ISA-S95 的工厂模型，工厂模型按照 S95 标准由上至下分为五层：Enterprise、Site、Area、Cell 和 Unit，在工厂建模时可设计为"工厂 > 车间 > 区域 > 产线 > 工位"，属于包含关系，但配置时允许省略某层。工厂模型中最基本的对象称为 Unit，Unit 对应于各生产车间的最小生产单元（如实际工位或者逻辑位置等），一个或多个 Unit 组成具有某些功能含义的 Cell（生产线等）；一个或多个 Cell 组成 Area，对应于生产车间的某个生产区域；多个 Area 组成 Site，对应于生产车间，如生产中心等；多个 Site 组成 Enterprise。

2. 资源管理

1）人员管理：人员的基本信息管理（性别、姓名、出生日期、部门）、特性（工种、资质）、状态（出勤）等，为后续排产、派工、分析提供基础数据支持。

2）设备管理：设备的基本信息管理包括类别、特性（精度、量程等）、状态（是否占用）、维护日志等，为后续资源分配、监控、维护等提供基本信息。

3）物料管理：MES 接收 ERP 系统提供的物料基础数据，包括原材料和零部件分类、编号、基本属性及生产相关的业务属性，并对这些物料基础数据进行管理和维护。为保证物料基础数据的一致性，当物料数据发生变化时，需要从 ERP 系统重新下发给 MES，以保持 ERP 系统与 MES 中的物料基础数据同步。

系统提供对部分有材料质保期的材料增加额外管理功能，系统提供质保期信息预警提示（质保预警信息推送给相关负责人）、材料按质保期排序出库。

3. 能力信息管理

能力信息管理包括人员能力、设备能力、物料能力等信息管理。

1）人员能力：系统提供人员能力的增加、删除、修改、查询管理，包括人员是否可用、人员的特性等。

2）设备能力：系统提供设备能力的增加、删除、修改、查询管理，包括设备是否可用、设备的特性等。

3）物料能力：系统提供物料能力的增加、删除、修改、查询管理，包括物料是否可用、物料的特性等。

4. 产品定义

按照信息化规范，产品工艺主数据在 PLM 系统中进行维护，MES 将建立与 PLM 系统的接口，通过自动化接口实现与 PLM 系统工艺主数据的同步。工艺主数据包括总装工艺路径、工艺规范等。MES 提供对工艺主数据的版本和生命周期管理。工艺数据包括工艺路线、工序、检验数据、工作中心、工时等；工序技术条件包括指标、参数、对人员和物料的要求等，每个工序所需的图样、工艺文件、标准、模型和操作动画。

5. 生产信息

1）派工单管理：生产调度信息以派工单展现，包括使用的工艺、工位、工段、人员、设备、物料、辅料、生产参数（目标、特殊要求、运输）、开始时间、结束时间等。

2）生产绩效管理：生产绩效管理包括物料消耗、实际人员、设备、实际工时、计划完成率等，为后续计划与调度、绩效提供基础数据支持。

6. 制造 BOM 管理

BOM 即物料清单，主要用来记录一个产品/半成品所用到的所有工序物料及相关属性，即成品与所有原料的从属关系、单位用量及其他属性。

BOM 管理是企业信息化数据管理的核心内容，BOM 数据是贯穿企业产品全生命周期数据管理的主线，是保证企业各环节产品数据，特别是生产制造环节的数据实时、准确、有效的关键。

（1）BOM 接收　MES 通过 DIS 集成组件与 TEAMCENTER、ERP 系统进行集成，西门子 TEAMCENTER 与西门子 SIMATIC IT 同属于西门子 MES 智能制造生态圈的产品，有着无缝集成的能力，具备以下特性：

1）支持多种格式：文本、静态、局部、结构化的数据包等。

2）高同步性：通过内部数据通道进行无缝集成。

3）能互调底层函数，实现数据传输。

4）生产指导文件、三维数字模型等数据格式完全匹配，无差别传输。

MES 通过 DIS 集成组件与 ERP 系统，使用 DIS 的 WebServices 集成 ERP 系统获得结构化的 BOM 数据。

通过与 TEAMCENTER、ERP 系统进行集成，获取 PBOM、MBOM 信息及与其相关的工艺、生产、质量、物料等数据，包括产品结构、三维模型、电子图、工艺结构树、工艺路线、工艺内容、物料准备、批次、工时定额、工艺规程、更改单、临时工艺规程、交接表、质量跟踪卡等。

MES 接收相关信息后进行存储，为后续的计划分解、生产过程执行、实做 BOM 的构建提供数据支撑。

（2）BOM 查看（图 9-34）　系统接收 BOM 信息后进行存储，并根据产品结构进行完整的树形展示，展开树节点后，系统展示节点的基础信息及该节点产品生产过程中所需要的生产相关文件。

7. 实做 BOM 管理

MES 与 TEAMCENTER 进行集成，接收并存储 TEAMCENTER 发送的 BOM 框架。

在生产过程中采集各型号产品的实际物料消耗，与 BOM 框架进行匹配关联，形成实做 BOM。在实做 BOM 中详细记录每个工件的安装位置、安装时间、操作人员和质检记录等信息。

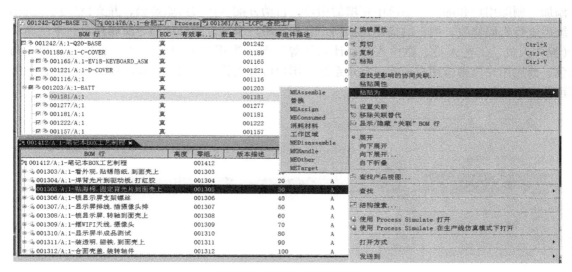

图 9-34　BOM 结构展示图

如图 9-35 所示，实做 BOM 数据在 MES 中生成后，通过集成接口同步给数据包系统，作为总装产品整体谱系的一部分，形成完整的追溯记录。

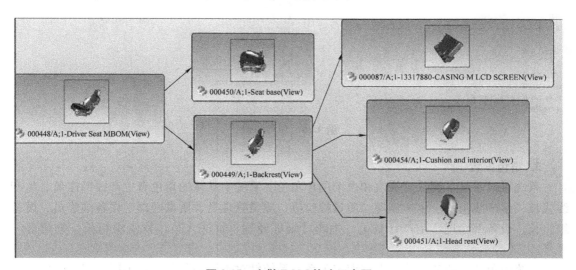

图 9-35　实做 BOM 构建示意图

9.14　系统管理

1. 用户管理

系统提供的用户管理模块（图 9-36），可以直观地了解公司各部门的员工信息，并能在必要时对其进行修改，实现对用户的统一管理。

系统中用户名称与所属的角色有绑定关系，一个用户可以拥有多个角色。MES 中可以添加、删除用户和部门。系统中新增的用户，自动分配默认的初始密码，并支持用户登录系统后进行密码修改。用户的描述包括用户名称、用户编号、所属部门、所属角色、系统属性（操作人员、工艺人员、质检人员、计划员等）等。当用户调出时，可以通过回收用户角色、禁用用户使得该用户不能再登录系统。用户可分级管理，同时，权限可分级管理，上级可分配下级拥有的权限。

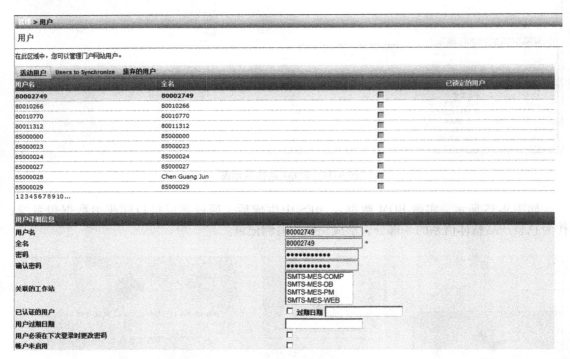

图 9-36　用户管理

2. 角色配置

系统可以添加、删除、修改和查询用户角色。系统中默认的角色有生产线操作员、生产线线长、生产线组长、生产经理、质量检验员、质量管理员、质量经理、设备维修员、设备组组长、设备部经理、生产计划员、生产计划部经理、物流人员、物流组组长、物流部经理等。

系统中角色与业务模块权限有绑定关系，系统针对不同的角色设置不同的权限。即不同的角色可以操作不同的模块，从而不同的角色用户拥有不同的操作内容。一个角色可以分配给多个用户。

如图 9-37 所示，系统中角色与登录界面同样有绑定关系，系统可针对不同的角色设置不同的登录首页。不同的角色登录后，系统展示方便该角色操作的界面，从而减少角色的操作时间。

3. 权限管理

为增强系统操作或信息、资料等文件的安全性，可以分类别、分级别设计进入系统的密码和权限，想要进入系统查询任何信息或进入设备进行操作时，必须要进行身份的验证，信

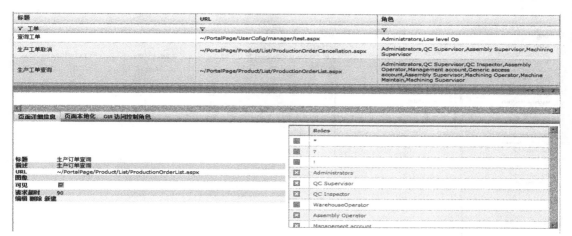

图9-37　角色访问功能权限设置

息正确则准许登录，信息不正确则不能登录。对重要的数据、资料的修改更是有一套严格的登录手续，决不允许越级操作。系统具有方便的管理、定义、权限分配等功能。

　　不同职责的人员有不同的系统操作权限，一个人员经密码验证后可以操作多个模块，即模块与人员相关联，未经授权不能操作。

　　每个角色也可以定义不同的菜单，便于个性化的需求。即不同岗位的人员可以有不同功能的菜单。西门子 MES 支持模块（页面）、功能按钮、数据项三级权限分配功能，可灵活配置不同业务人员所浏览的界面和使用功能。不同用户，能赋予用户应该具有的不同权限，实现灵活配置用户菜单的效果。

　　用户权限设置如图9-38 所示，角色权限设置如图9-39 所示。

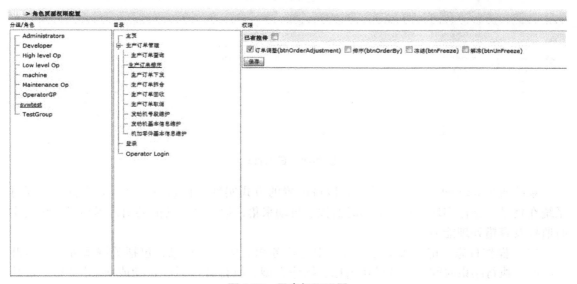

图9-38　用户权限设置

　　系统管理员对系统用户角色、权限进行统一管理，包括新增角色、角色权限设置、删除角色，以及添加用户、设置用户角色等。

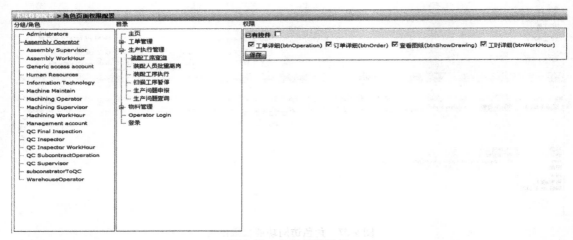

图 9-39　角色权限设置

4. 日志管理

日志管理（图 9-40）用来记录系统日常运行的详细信息，对各个功能点上的操作人、时间点等信息都可做到追溯查询，主要包括操作日志和系统日志。

图 9-40　日志管理

系统通过 log4net 进行日志管理，以可配置的方式实现了日志的分级、分类管理，同时系统在登录、操作实现了日志的实时监控、自动采集，通过日志功能的引入提高了系统的实时监控及容错处理能力。

（1）操作日志　记录系统运行过程中与业务相关的操作信息，包括关键事务的执行开始时间、执行结束时间、业务模块名称、操作类型、执行者（后台自动或前端用户）、成功标识、异常信息、异常描述等。例如，工单异常响应、物料信息异常与查询异常、用户登录与注销信息等。

（2）系统日志　记录系统运行过程中各个功能模块的启动、运行、终止、异常与报错信息，用户的登录、注销、操作信息等，包括模块名称、操作类型、操作时间、执行者（后台自动或前端用户）、成功标识、异常信息、异常描述等。例如，错误提示信息等。

5. 安全管理

MES 是一个分布式数据资源管理系统，它具有信息量大、信息敏感度高等特点。各种用户有不同的访问需求，使得其安全管理非常复杂。系统提供专业的安全管理，主要包括访问机制、控制系统权限、增强系统安全和确保安全传输等功能。

（1）访问机制　采用多层结构的访问机制，数据库层只接受业务逻辑层的访问，任何用户都不可能直接访问数据库，从而保证了数据的安全性。

（2）系统权限　MES 的任何用户都必须经过密码验证才能访问系统。在访问系统的过程中，该用户还要受到模块、功能、记录多级权限的控制，不能访问授权范围之外的数据。所以西门子 MES 具有明确的用户管理级别和权限划分。

西门子 MES 可以给不同的用户做如下设定：

1）是否允许某个用户访问某个模块。

2）如果某个用户可以访问此模块，那么允许他使用该模块内的哪些功能（增、删、改、查、印、另存等）。

3）如果某个用户可以访问此模块，那么允许他访问的具体数据将会限制在哪些范围内。

（3）系统安全　为增强系统操作安全性，系统可以分类别、分级别设计进入系统的密码和权限。想要进入系统查询任何信息或进入设备进行操作，必须要进行身份的验证，信息正确则准许登录，信息不正确则不能登录。对于三次登录失败的人员，系统自动锁定用户信息，提交报警信息并记录日志。

（4）加密传输　对关键人员信息和机密数据都要做加密处理和传输，例如，输入密码、数据库配置字符串等，从而保证系统数据的准确性。

6. 消息管理

MES 中关键业务需要通知系统用户时，消息模块实现消息推送功能，实时消息送达并通知系统用户。功能包括消息推送管理，消息跟踪。消息推送功能可以实现邮件、短信消息推送，MES 中需要维护用户电话号码、用户邮件地址一一对应，系统通过选择消息通知人员后，使用系统集成邮件服务、短信服务，完成 MES 消息推送功能（邮件和短信本身功能可完成人员消息通知），推送有自动触发和手动触发两种方式。消息推送后系统记录消息推送日志，用于消息跟踪。

7. 数据字典管理

1）MES 数据字典管理功能，提供整体 MES 中使用的数据字典，用于常规输入，使用数据字典方式选择录入，提高系统的便利性，用户有较好的使用体验，减少数据错误。例如，状态下拉表、单选框、复选框、模糊查询等。数据示例：停用/启用、正式/临时、是/否等。

2）系统提供统一的数据表管理，统一的前台展示方式，统一的数据结构（返回信息给系统前台，使用编号一一对应内容来关联字典表的字段数据，用数据分类来对应具体业务使用的数据类型），统一实现调用方法和工具类。

3）系统提供统一的数据字典维护和统计查询功能。

4）系统提供数据类型自定义：对于数据对象和类型，可以按要求进行自定义。

参 考 文 献

[1] 王爱民. 制造执行系统（MES）实现原理与技术［M］. 北京：北京理工大学出版社，2014.

[2] 顾新建，纪杨建，祁国宁. 制造业信息化导论［M］. 杭州：浙江大学出版社，2010.

[3] 易树平，郭伏. 基础工业工程［M］. 北京：机械工业出版社，2016.

[4] 李信桂. A 公司数字化工厂 MES 项目的风险管理研究［D］. 上海：华东理工大学，2017.

[5] 陈静. A 航空制造企业的 MES 系统研究［D］. 上海：华东理工大学，2014.

[6] 郑亚男. 烟草企业制丝线 MES 系统设计与实现［D］. 上海：华东理工大学，2009.

[7] 黄河清，俞金寿. 面向流程工业的 MES 及其关键技术［J］. 自动化仪表，2004，25（1）：10-15.

[8] 王小维. 汽车工厂 MES 系统设计和实现［D］. 上海：华东理工大学，2016.

[9] 林明达，郭卫斌，范贵生，等. 基于 ARIS 方法的物料平衡系统设计［J］. 计算机应用与软件，2014（1）：50-53.

[10] 荣冈. 节能降耗 MES 任重道远［J］. 中国制造业信息化，2007（18）：53.

[11] 张睿，冯毅萍，荣冈. 基于生产数据的原油加工事件跟踪和还原［J］. 化工学报，2015（1）：338-350.

[12] 肖力墉，苏宏业，苗宇，等. 制造执行系统功能体系结构［J］. 化工学报，2010，61（2）：359-364.

[13] 张建明，曾建武，谢磊，等. 基于粗糙集的支持向量机故障诊断［J］. 清华大学学报（自然科学版），2007，47（z2）：1774-1777.